RHEINISCH WESTFÄLISCHE AKADEMIE DER WISSENSCHAFTEN

Rheinisch-Westfälische Akademie der Wissenschaften

Natur-, Ingenieur- und Wirtschaftswissenschaften Vorträge · N 315

Herausgegeben von der
Rheinisch-Westfälischen Akademie der Wissenschaften

ECKART REICHE

Tagebau Hambach: Voraussetzungen – Probleme – Lösungen

HANS-ULRICH SCHMINCKE

Vulkane und ihre Wurzeln

Westdeutscher Verlag

292. Sitzung am 2. Dezember 1981 in Düsseldorf

CIP-Kurztitelaufnahme der Deutschen Bibliothek

Reiche, Eckart:
Tagebau Hambach: Voraussetzungen – Probleme – Lösungen / Eckart Reiche. Vulkane und ihre Wurzeln / Hans-Ulrich Schmincke. – Opladen: Westdeutscher Verlag, 1982.
(Vorträge / Rheinisch-Westfälische Akademie der Wissenschaften: Natur-, Ingenieur- u. Wirtschaftswiss.; N 315)

NE: Schmincke, Hans-Ulrich: Vulkane und ihre Wurzeln; Rheinisch-Westfälische Akademie der Wissenschaften ‹Düsseldorf›: Vorträge / Natur-, Ingenieur- und Wirtschaftswissenschaften

Herstellung: Westdeutscher Verlag

ISBN 978-3-663-01757-8 ISBN 978-3-663-01756-1 (eBook)
DOI 10.1007/978-3-663-01756-1

ISSN 0066-5754

Inhalt

Tagebau Hambach: Voraussetzungen – Probleme – Lösungen

von *Eckart Reiche*, Krefeld

1. *Energiewirtschaftliche Entwicklungen*

Die außerordentlich großen Preiserhöhungen beim Mineralöl und beim Erdgas innerhalb des letzten Jahrzehntes, die Versorgungsunsicherheit und die begrenzten Vorräte dieser beiden Energieträger haben dazu geführt, daß die Nutzung heimischer Energiequellen weltweit an Bedeutung stark zugenommen hat. In der Bundesrepublik Deutschland sind mengenmäßig im wesentlichen Steinkohlen und Braunkohlen für die gegenwärtige und künftige Energieversorgung verfügbar. Neue Energiequellen wie Sonnen-, Wind-, Gezeiten-, Erdwärme-Energie u.a. lassen sich in nennenswertem Umfang anstelle der bisherigen Energieträger in absehbarer Zeit nicht nutzbar machen.

1.1 *Entwicklung des Primärenergieverbrauchs in der Bundesrepublik Deutschland*

Die Entwicklung des Primärenergieverbrauchs in der Bundesrepublik Deutschland vom Ende der 50er Jahre bis 1980 läßt erkennen (Abb. 1), daß der jährliche Gesamtverbrauch an Primärenergie im Jahr 1979 mit $408 \cdot 10^6$ t Steinkohleneinheiten, im folgenden mit SKE[1] bezeichnet, seinen bisherigen Höchststand erreicht. Der seit 1959 zu beobachtende, zeitweise steile Anstieg des Verbrauchs hat sich bisher zweimal deutlich verringert. Der erste Rückgang setzt 1974 ein. Erst im Jahr 1978 übersteigt der Primärenergieverbrauch die bereits fünf Jahre zuvor – also im Jahr 1973 – benötigten Mengen. Der zweite Rückgang beginnt im Jahr 1980 und dauert noch an. Die Gründe für den Minderverbrauch in beiden Zeitabschnitten sind hinreichend bekannt. Auf sie kann hier nicht näher eingegangen werden.

Im Jahr 1981, das in vier Wochen zu Ende geht, wird in der Bundesrepublik ein Primärenergieverbrauch von rd. $370 \cdot 10^6$ t SKE erwartet; das sind ca. 5% weniger als im Vorjahr und etwa 10% weniger als im Jahr 1979, jenem Jahr mit dem bisher höchsten Verbrauch an Primärenergie. Der Verbrauch 1981 entspricht mit $370 \cdot 10^6$ t SKE ziemlich genau dem des Jahres 1976.

[1] 1 t SKE = 29,3 GJ

1.2 Deckung des Primärenergieverbrauchs in der Bundesrepublik Deutschland

Interessant ist auch die Entwicklung der Anteile der einzelnen Energieträger, die an der Deckung des Verbrauchs von Primärenergie in der Bundesrepublik beteiligt sind (Abb. 1).

Während die Kernenergie bis zum Jahr 1980 mit einem Anteil von knapp 4% zur Verbrauchsdeckung beiträgt, wächst beim Energieträger Erdgas der Anteil bis auf gut 16% im Jahr 1980 gleichmäßig an.

Am auffälligsten ist die außerordentlich starke Zunahme des Energieträgers Mineralöl. Mit 55% erreicht dieser Energieträger im Jahr 1973 seinen bisher größten Anteil bei der Deckung des Verbrauchs von Primärenergie. Bis zum Jahr 1980 verringert sich der Anteil auf 48%. Damit ist zum ersten Mal seit dem Jahr 1969 der Anteil des Mineralöls beim Primärenergieverbrauch in der Bundesrepublik auf weniger als 50% gesenkt worden. Für das Jahr 1981 wird ein weiterer Rückgang des Mineralölverbrauchs erwartet. Sein Anteil an der Deckung des Primärenergieverbrauchs wird sich auf ca. 45% verringern.

Besonders bemerkenswert ist der Rückgang des Energieträgers Steinkohle. Während der Anteil der Steinkohle bei der Deckung des Primärenergieverbrauchs im Jahr 1960 noch rd. 60% betragen hat, sinkt er in den folgenden Jahren fast ständig und erreicht im Jahr 1978 mit etwas weniger als 18% den bisher tiefsten Stand. Im Jahr 1980 ist die Steinkohle mit rd. 20% an der Deckung des Primärenergieverbrauchs beteiligt. 1981 wird mit einem Anteil von rd. 21% gerechnet.

Wesentlich gleichmäßiger als beim Mineralöl und der Steinkohle – ja fast gleichförmig – zeichnet sich die Entwicklung beim Energieträger Braunkohle ab. Seit dem Jahr 1967 trägt die Braunkohle trotz des bis 1979 erheblich steigenden Verbrauchs jährlich mit 9 bis 10% zur Deckung des Primärenergieverbrauchs in der Bundesrepublik Deutschland bei. Für das Jahr 1981 wird mit einem Anteil von rd. 11% gerechnet.

2. Energiewirtschaftliche Bedeutung der Braunkohle

Die Bedeutung des Energieträgers Braunkohle für die Energiewirtschaft wird besonders dadurch gekennzeichnet, daß ein Viertel der gesamten Versorgung mit elektrischer Energie in der Bundesrepublik Deutschland auf Strom aus Braunkohlenkraftwerken basiert.

Die heimische Braunkohlenförderung betrug im Jahr 1980 rd. $130 \cdot 10^6$ t. Davon erbrachte das Rheinische Revier mit $118 \cdot 10^6$ t rd. 90%; die anderen Reviere – das sind die Braunkohlenbezirke Helmstedt, Hessen und Bayern – konnten mit ca. $12 \cdot 10^6$ t noch rd. 10% beitragen [2]. Eine Fördersteigerung ist in diesen drei

Bezirken wegen der geringen Kohlenvorräte nicht mehr möglich. Nach dem Energieprogramm der Bundesregierung von 1973 sowie der 1. und 2. Fortschreibung dieses Programms in den Jahren 1974 und 1977 [3] soll die jährliche Braunkohlenförderung in der Bundesrepublik Deutschland etwa $130 \cdot 10^6$ t betragen. In der 3. Fortschreibung des Energieprogramms vom 4. November 1981 wird von der Bundesregierung eine andere Mengenangabe nicht gemacht [4].

Die besondere energiewirtschaftliche Bedeutung des Rheinischen Reviers liegt darin, daß die Braunkohle dort

- in großer Menge ansteht,
- im Vergleich zur Steinkohle kostengünstig gewonnen wird und
- hinsichtlich der langfristigen Versorgungssicherheit einen besonders hohen Stellenwert aufweist.

Diese drei Faktoren haben dazu geführt, daß fast 90% der jährlich geförderten Braunkohlen in Kraftwerken zur Stromerzeugung eingesetzt werden [5]. In der jüngsten Fortschreibung des Energieprogramms der Bundesregierung vom 4. November 1981 wird erstmalig der Akzent gesetzt, daß bei einem wachsenden Anteil der Kernenergie an der Deckung des Primärenergieverbrauchs langfristig Braunkohle aus der Grundlast der Stromerzeugung herausgenommen werden sollte, um stärker als Rohstoff und in veredelter Form als Alternative zum Mineralöl zur Verfügung zu stehen.

Die Erhaltung der Braunkohlenförderung im Rheinischen Revier auf dem heutigen Stand von $120 \cdot 10^6$ t je Jahr ist also auch langfristig ein besonderes volks- und energiewirtschaftliches Erfordernis.

3. Notwendigkeit zum Aufschluß des Tagebaus Hambach

Ende der 80er Jahre läuft die Kohlenförderung des Tagebaus Fortuna-Garsdorf, des bisher größten Tagebaus im Rheinischen Revier, wegen Erschöpfung des dort gebauten Lagerstättenteils aus (Abb. 2). Aus demselben Grunde wird schon Mitte der 80er Jahre die Kohlengewinnung in den kleineren Tagebauen Ville und Frechen eingestellt werden. Die Braunkohlenförderung wird um mehr als ein Drittel sinken, wenn nicht durch Neuaufschlüsse neue Tagebaukapazitäten geschaffen würden. Von ausschlaggebender Bedeutung für die ausreichende Versorgung mit Braunkohle in Höhe der derzeitigen Förderung ist dabei der Aufschluß des Tagebaus Hambach, der als Ersatz für den auslaufenden Tagebau Fortuna-Garsdorf dienen soll.

Für den seit 1978 im Aufschluß befindlichen Tagebau Hambach ist ein Abbaugebiet mit einer Größe von 85 km^2 festgelegt worden. Auf den Begriff „Festlegung“ wird später noch gesondert eingegangen.

In dem Abbaugebiet (Abb. 3) steht ein Kohleninhalt von rd. $2{,}4 \cdot 10^9$ t an. Diese Menge entspricht etwa $820 \cdot 10^6$ t SKE. Um sie gewinnen zu können, müssen rd. $15{,}4 \cdot 10^9\,m^3$ die Kohle überlagernde Schichten abgeräumt [6] – der Braunkohlen-Bergmann nennt diese Schichten deshalb Abraum – und größtenteils wieder in den ausgekohlten Bereich des Tagebaus verkippt werden.

Die besondere Bedeutung des Tagebaus Hambach für die Energiewirtschaft in der Bundesrepublik liegt in seinem Förderanteil an der Gesamtförderung und in seiner Lebensdauer. Mit einer geplanten Jahresförderung von $50 \cdot 10^6$ t werden aus dem Tagebau Hambach etwa bis zum Jahr 2040 rd. 40% der Gesamtförderung des Rheinischen Reviers erbracht werden.

4. Rheinische Braunkohlenlagerstätte

4.1 Lagerstätte und Kohlenvorrat

Die Rheinische Braunkohlenlagerstätte überdeckt eine Fläche von etwa 2500 km^2, die – wie Abb. 4 zeigt – ungefähr von den Städten Bonn, Köln, Mönchengladbach, Aachen und Euskirchen umgrenzt wird. Im Bereich dieser Fläche steht die größte zusammenhängende Braunkohlenlagerstätte Europas mit einem Gesamtinhalt von rd. $55 \cdot 10^9$ t an. Hiervon sind nach dem gegenwärtigen Energiepreisniveau etwa $35 \cdot 10^9$ t als bauwürdig anzusehen, d. h. technisch-wirtschaftlich gewinnbar [5].

Die Rheinische Braunkohlenlagerstätte entstand im wesentlichen vor $18 \cdot 10^6$ Jahren während des Miozäns, einer geologischen Formation des Tertiärs. Damals war das heutige Gebiet der Niederrheinischen Bucht eine nahe zur Küste gelegene Ebene mit subtropischem Klima. Duch Absinken der Erdoberfläche stieg das Grundwasser an. Der Absenkungsrhythmus bestimmte die Höhenlage der Vegetation zum jeweiligen Grundwasserspiegel. Klima und Absenkung begünstigten die Moorbildung und die Entwicklung sehr großer Mengen von Torfen, die im Laufe der Zeit zu Braunkohlen mit einer Flözmächtigkeit bis zu 100 m (max.) umgewandelt wurden. Mehrmalige Vorstöße des Meeres bedeckten das Torflager mit Meeressanden und brachten das Moorwachstum vorübergehend zum Stillstand. Durch diese Meereseinbrüche wurde das Hauptflöz im Norden und Westen der Niederrheinischen Bucht in mehrere Teilflöze aufgespalten. Das bis zu mehreren hundert Metern mächtige Deckgebirge, das nach der Torfbildung von Flüssen abgelagert wurde, setzt sich aus Sanden, Kiesen, Schluffen und Tonen zusammen. Tektonische Bewegungen im Tertiär und Quartär führten zur geologischen Gliederung der Lagerstätte in drei Schollen, die durch Verwerfungssysteme voneinander getrennt sind. Die drei Schollen werden als Kölner, Erft- und Rur-Scholle bezeichnet.

Ein Schnitt durch die Lagerstätte von Nordosten nach Südwesten (Abb. 5) zeigt, daß an den großen Sprüngen der Verwerfungssysteme – wie beispielsweise am Erft-Sprung – die Schichten bis zu mehreren hundert Metern gegeneinander versetzt sind [7].

4.2 Abbaugebiet Hambach

Das Abbaugebiet Hambach mit einer Größe von 85 km² liegt in der nördlichen Hälfte der Erft-Scholle (Abb. 4). Es nähert sich im Südwesten der großen Rurrand-Verwerfung, an der die Erdschichten bis zu mehreren hundert Metern in die Tiefe versenkt wurden. Die Schichten fallen mit etwa 3° nach Nordosten ein.

Die Mächtigkeit der Kohle ist im Abbaugebiet Hambach, wie Abb. 6 erkennen läßt, recht unterschiedlich ausgebildet. Während in der östlichen Hälfte des Abbaugebietes die Braunkohle als ein geschlossenes, 55 bis 70 m mächtiges Flöz entwickelt ist, wird dieses Flöz nach Südwesten und Nordwesten in mehrere Teilflöze unter Einschaltung sandiger und toniger Zwischenmittel aufgespalten. Die Gesamtmächtigkeit der aufgespaltenen Teilflöze verringert sich auf rd. 20 bis 40 m.

Die Qualität der Hambacher Braunkohlen kann als überdurchschnittlich gut bezeichnet werden. Bei einem Wassergehalt von 50% und Aschegehalten zwischen 6 und 8% weist die Kohle einen durchschnittlichen Heizwert von rd. 10 000 kJ/kg auf.

Die Mächtigkeit der Deckgebirgsschichten, die – einschließlich Zwischenmittel – aus Sand und Kies und zu 30% aus bindigem Material bestehen, ist mit 150 m im westlichen Teil am geringsten, im Osten mit 400 m am größten. Das Verhältnis Abraum zu Kohle beträgt im Mittel für das Abbaugebiet Hambach 6,2:1 [6].

5. Technische Ausrüstung des Tagebaus

Bisher sind zwei wichtige Voraussetzungen für den Aufschluß des neuen Tagebaus dargestellt worden. Zum einen ist der langfristige Bedarf an Braunkohle zur Deckung eines bestimmten Anteils des Primärenergieverbrauchs gegeben, zum anderen stehen große Mengen von Braunkohlen im Rheinischen Revier an.

Die Mächtigkeit der Deckgebirgsschichten im Abbaugebiet Hambach beträgt 400 m (max.). Rechnet man eine Kohlenmächtigkeit von 70 m hinzu, so ist bis zum Liegenden des Kohlenflözes eine größte Teufe des Tagebaus Hambach von 470 m unter Gelände zu erwarten. Ein solch tiefer Tagebau ist bislang noch nicht im Rheinischen Revier betrieben worden. Die Sohle des Tagebaus Fortuna-Garsdorf weist eine Teufe von 330 m unter Gelände auf.

Es liegt deshalb nahe, daß der Bergbautreibende sich gemeinsam mit den Lieferfirmen bemüht hat, noch leistungsfähigere Gewinnungs-, Verkippungs- und Transportanlagen zum Aufschluß und Betrieb des Tagebaus Hambach einzusetzen, um Kostensteigerungen infolge des ungünstigeren Verhältnisses von Abraum zu Kohle möglichst weitgehend auffangen zu können. Als Ergebnisse dieser Bemühungen sind Schaufelradbagger mit einer Leistung von 240 000 m^3/d konstruiert, gebaut und bei dem Aufschluß des Tagebaus Hambach eingesetzt worden (Abb. 7). Auch die neuen Absetzer weisen gleiche Kapazitäten auf. Der Massentransport innerhalb des Tagebaus Hambach wird ausschließlich mittels Bandanlagen durchgeführt, die bei einer Gurtbreite von 2800 mm mit einer Gurtgeschwindigkeit von 7,5 m/s gefahren werden.

Gegenwärtig sind drei Gruppen dieser Großgeräte – jeweils bestehend aus Bagger, Bandschleifenwagen und Absetzer – im Tagebau Hambach im Einsatz. Im Jahr 1983 sollen der vierte und 1984 der fünfte Bagger in Betrieb genommen werden [6].

6. *Genehmigungsverfahren*

Als weitere Voraussetzung für den Tagebau Hambach ist schließlich der positive Abschluß der Genehmigungsverfahren zu bezeichnen.

Das Genehmigungsverfahren ist sowohl als landesplanerisches Verfahren nach dem Gesetz über die Gesamtplanung im Rheinischen Braunkohlengebiet – dem Braunkohlengesetz – als auch als Betriebsplanverfahren nach dem Allgemeinen Berggesetz geführt worden. Beide Verfahren wurden im Jahr 1974 eingeleitet.

Bereits 1973 wies der Regierungspräsident Köln in seiner Eigenschaft als Vorsitzender des Braunkohlenausschusses nach dem Braunkohlengesetz darauf hin, daß ein Vorhaben wie der geplante Tagebau Hambach nur dann verantwortet werden könne, wenn zuvor in einem umfassenden ökologischen Gutachten die zu erwartenden Auswirkungen des geplanten Tagebaus auf die Umwelt geprüft würden. In elf – nach Sachgebieten gegliederten – Teilgutachten wurden die Untersuchungen hinsichtlich der Auswirkungen auf die Umwelt vorgenommen. Folgende Sachgebiete wurden dabei behandelt:

Bergbau – Geologie und Boden – Wasserwirtschaft – Landwirtschaft – Forstwesen – Klima und Lufthygiene – Vegetation – Freilebende Tiere – Erholungsnutzung – Erholungsmöglichkeiten – Landschaftsökologie.

Als im Herbst 1975 alle elf Teilgutachten vorlagen, setzte der Braunkohlenausschuß einen Arbeitskreis ein, der die Vorschläge und Forderungen der Gutachter zur Verringerung der Auswirkungen des geplanten Tagebaus auf die Umwelt in dem Entwurf eines Kataloges von Richtlinien mit dem Ziel zusammenfaßte, diese Richtlinien in den nachfolgenden Genehmigungs- und Zulassungsverfahren zu berücksichtigen. Eine größere Anzahl von Vorschlägen und Forderungen der Gutachter führte zu einer anderen Abgrenzung des Abbaugebietes gegenüber der Planung des Bergbautreibenden. In dem Entwurf des Kataloges wurden für folgende Sachgebiete Vorschläge gemacht:

- Bewirtschaftung der Nutzflächen bis zum Zeitpunkt des Abbaus;
- Abbauführung;
- Kippengestaltung;
- Rekultivierung;
- Neugründung ökologisch wertvoller Waldbestände;
- Füllung und Nutzung des Restsees.

Nach eingehenden Beratungen beschloß der Braunkohlenausschuß die Aufstellung des landesplanerischen Teilplanes Hambach einschließlich des Richtlinienkataloges.

Von Anfang April bis Anfang Juli 1976 lagen der Teilplan Hambach, der Richtlinienkatalog, der Erläuterungsbericht und die elf Teilgutachten des ökologischen Gesamtgutachtens zur Einsicht mit der Aufforderung offen, etwaige Einwendungen gegen den Plan beim Braunkohlenausschuß geltend zu machen. Diese Möglichkeit nahmen bis zum Abschluß der Offenlegung etwas mehr als 3700 Betroffene wahr. Ein vom Braunkohlenausschuß berufener Arbeitskreis hatte alle Einwendungen sorgfältig zu prüfen, die Einwender anzuhören und Empfehlungen für den Braunkohlenausschuß hinsichtlich der Einwendungen auszuarbeiten.

Ende 1976 beschloß der Braunkohlenausschuß über die Einwendungen, die in einigen Fällen zu Änderungen des Teilplanes Hambach und zur Ergänzung des Richtlinienkataloges führten. Der Teilplan wurde Anfang 1977 mit den zugehörigen Anlagen einschließlich aller Einwendungen und der hierauf ergangenen Beschlüsse des Braunkohlenausschusses sowie der elf Teilgutachten dem Ministerpräsidenten des Landes Nordrhein-Westfalen zur Entscheidung über die Verbindlichkeitserklärung vorgelegt [8].

Nach entsprechender Unterrichtung der zuständigen Fachausschüsse des Landtages und eingehenden Beratungen in diesen Ausschüssen wurde der Teilplan Hambach von der Landesregierung Nordrhein-Westfalen am 11. Mai 1977 für verbindlich erklärt. Hierdurch wurden das Abbaugebiet Hambach und der Richtlinien-Katalog festgelegt. Der Plan begrenzt die Fläche, in der der Bergbautreibende nach bergrechtlich zugelassenen Betriebsplänen Braunkohle gewinnen kann. Der vom Bergbautreibenden vorgelegte Rahmenbetriebsplan für den Tagebau Hambach wurde im März 1978 von der Bergbehörde nach den Vorschriften des Allgemeinen Berggesetzes zugelassen [9].

7. Unterbringung der Abraummassen

Ein größeres Problem hat sich für den Braunkohlenausschuß im Zusammenhang mit der Unterbringung der anfallenden Abraummassen des Tagebaus Hambach während des Aufschlusses ergeben. Da in dieser betrieblichen Phase noch keine Kohle gewonnen werden kann, steht im werdenden Tagebau noch keine ausgekohlte Fläche zum Verstürzen von Abraum zur Verfügung. Deshalb sind in der Nähe des Aufschlusses entsprechende Flächen außerhalb des für den Tagebau vorgesehenen Geländes zum Anlegen einer Kippe als Außenkippe erforderlich.

Der Bergbautreibende hatte in seinem Antrag an den Braunkohlenausschuß zur Aufstellung und Verbindlichkeitserklärung des Teilplanes Hambach vorgesehen, insgesamt $2{,}7 \cdot 10^9\,m^3$ Abraum auf einer Außenkippe unmittelbar nordnordwestlich des Tagebaugebietes Hambach mit dem Namen „Sophienhöhe" zu verstürzen. Der Braunkohlenausschuß setzte einen Arbeitskreis zur Prüfung der Frage ein, wie die beim Aufschluß des Tagebaus Hambach anfallenden Außenabraummassen unter Berücksichtigung der bergbaulichen Planungen des gesamten Rheinischen Braunkohlenreviers im Interesse einer möglichst geringen Landinanspruchnahme untergebracht werden sollten.

Als Ergebnis eingehender Beratungen empfahl der Arbeitskreis, von den $2{,}7 \cdot 10^9\,m^3$ der im Tagebau Hambach anfallenden Außenabraummassen $1{,}7 \cdot 10^9\,m^3$ in den Restlöchern der in rd. 15 km Entfernung gelegenen Tagebaue Fortuna-Garsdorf, Bergheim und Frechen verkippen zu lassen, so daß die geplante Außenkippe Sophienhöhe nur noch $1 \cdot 10^9\,m^3$ anstelle von $2{,}7 \cdot 10^9\,m^3$ Abraum aufzunehmen hätte.

Die Verteilung der $1{,}7 \cdot 10^9\,m^3$ Außenabraummassen auf die drei genannten Tagebaue zeigt Abb. 8.

Hierdurch wird einerseits der Flächenbedarf für die Außenkippe Sophienhöhe um 360 ha verringert, andererseits ergeben sich durch die vollständige Verkippung der drei genannten Tagebaue mit Abraummassen aus dem Aufschluß des Tagebaus Hambach Flächengewinne für die überwiegend landwirtschaftliche Rekultivierung von insgesamt 2300 ha. Darüber hinaus wird durch die erhebliche Verringerung der Außenkippenmassen, die im Bereich der Sophienhöhe untergebracht werden müssen, eine Begrenzung der Kippenhöhe am Rande auf 110 m über Gelände ermöglicht [9].

Der Bergbautreibende akzeptierte diesen mit zusätzlichen Transportkosten von mehr als $2 \cdot 10^9$ DM verbundenen Lösungsvorschlag im Interesse eines ausgewogenen Konzeptes von Abbauplanung und Landschaftsgestaltung. Mit dem Transport der Außenkippenmassen vom Aufschluß des Tagebaus Hambach in den Tagebau Fortuna-Garsdorf soll im Jahr 1983 begonnen werden [5].

8. Hydrogeologische Verhältnisse und Grundwasserabsenkung

Im Bereich der Erft-Scholle als Teilgebiet der Niederrheinischen Bucht stehen Lockergesteinssedimente der Tertiär- und Quartär-Zeit mit einer Mächtigkeit bis zu 1200 m an. Bis zum Einsetzen der großräumigen Grundwasserabsenkung im Jahr 1955 sind die Sedimente bis wenige Meter unter Geländeoberfläche von Grundwasser erfüllt gewesen. Im Bereich der höherliegenden Teile der Scholle im Westen waren schon damals Grundwasserflurabstände bis zu 50 m zu verzeichnen.

Voraussetzung für den Betrieb tiefer Tagebaue ist, den Grundwasserzufluß zu unterbinden und die in den Tagebaufeldern vorhandenen Grundwassermengen vollständig abzupumpen. Für den Betrieb der Tagebaue auf der Ville mußte das Grundwasser auch in der Erft-Scholle bis etwa 350 m tief abgesenkt werden, wozu am Ostrand der Erft-Scholle mehrere große Brunnengalerien mit einigen hundert leistungsfähigen Brunnen hergestellt wurden. Für die Trockenhaltung der Tagebaue auf der Ville sind inzwischen mehr als $20 \cdot 10^9$ m^3 Grundwasser größtenteils aus der Erft-Scholle gesümpft worden.

Dadurch sind die oberen zwei der drei Grundwasserstockwerke oberhalb der Braunkohlenflöze schon größtenteils trockengefallen. In dem dritten und tiefsten Grundwasserstockwerk oberhalb der Braunkohle in der Erft-Scholle wirkt sich die Sümpfung bis jetzt vor allem als Druckentlastung aus, bei der der Druckspiegel teilweise mehrere hundert Meter tief abgesenkt wurde. Die höher herausgehobenen Teile des dritten Grundwasserstockwerks im Norden und im Südwesten der Erft-Scholle sind jedoch bereits entwässert.

Der Tagebau Hambach, der von dem hoch liegenden Westrand der Erft-Scholle aus dem Braunkohlenflöz nach Osten in immer größere Teufen folgen wird und schließlich eine Teufe von rd. 470 m unter Gelände erreichen soll, macht zusätzliche Grundwasserabsenkungen bis etwa 480 m Teufe erforderlich. Insgesamt müssen für den Tagebau Hambach weitere rd. $20 \cdot 10^9$ m^3 Grundwasser aus der Erft-Scholle gesümpft werden, damit die Deckschichten der Braunkohle und das bis zu 70 m mächtige Braunkohlenflöz selbst entwässert und die Schichten unter der Braunkohle druckentspannt werden.

Dank der großen Störungszonen, die die Erft-Scholle von der Kölner Scholle im Osten, von der Rur-Scholle im Südwesten und von dem Venloer Graben im Norden trennen (Abb. 4), bleibt die in der Erft-Scholle teilweise bereits durchgeführte und noch weiter durchzuführende Grundwasserabsenkung im wesentlichen auf diese Scholle beschränkt. Der sogenannte Abdichtungseffekt beruht darauf, daß die Grundwasserleiter entlang der Störungen abgeschnitten worden sind. Selbst dort, wo abgeschnittene Grundwasserleiter auf der anderen Seite der Störung Grundwasserleitern der Nachbarscholle gegenüberliegen, konnten bisher keine größeren Grundwasserübertritte festgestellt werden, da mitgeschleppte Tonschichten die Störungsbahn häufig mit einem Dichtungsfilm weitgehend verschlossen haben.

Entlang der Rurrand-Verwerfung, die die Erft-Scholle von der Rur-Scholle trennt, gibt es jedoch drei Bereiche, wo die Grundwasserabsenkung der Erft-Scholle – lokal erkennbar – auf die Rur-Scholle übergreift. Der nördliche Bereich liegt nordnordwestlich von Jülich, der südliche Bereich bei Vettweiß zwischen Düren und Zülpich. In beiden genannten Abschnitten fließt Grundwasser aus dem obersten Grundwasserstockwerk der Rur-Scholle zur Erft-Scholle ab. Der mittlere Bereich ist bei Niederzier gelegen, und zwar dort, wo die Rurrand-Verwerfung fiederförmig versetzt ist. An dieser Stelle ist über eine schräg geneigte, schmale Zwischenscholle eine hydraulische Verbindung auch der tieferen Grundwasserstockwerke zwischen Rur- und Erft-Scholle gegeben.

Auch im Nordosten und im Norden der Erft-Scholle sind über Störungsaufspaltungen geringe Durchlässigkeiten zur Kölner Scholle und zum Venloer Graben festgestellt worden.

Nach übereinstimmender Ansicht von Fachleuten sind bisher die hydrologischen Auswirkungen der Sümpfungsmaßnahmen für den Tagebau Hambach durch die Übertrittsbereiche auf die Nachbarschollen insgesamt recht begrenzt. Die teilweise schon jetzt weitreichenden Grundwasserabsenkungen und Druckentlastungen tieferer Stockwerke in benachbarten Schollen werden im Gebiet der Kölner Scholle durch die Ostrandentwässerung für die Tagebaue der Ville, im Gebiet des Venloer Grabens durch die Entwässerung der nördlichen Tagebaue Frimmersdorf und Garzweiler und im Gebiet der Rur-Scholle durch die Sümpfungsmaßnahmen für die Tagebaue Zukunft und Inden verursacht.

Im Hinblick auf die Nutzung des Sümpfungswassers ist hervorzuheben, daß die Mengen in den kommenden Jahrzehnten stark zurückgehen und etwa vom Jahr 2020 an nur noch gerade ausreichen werden, den Bedarf an Wasser in den von den Grundwasserabsenkungen betroffenen Räumen zu decken. Hier wird deutlich, warum der Bergbautreibende mit der Lieferung von Wasser an Verbraucher außerhalb des Braunkohlengebietes sehr zurückhaltend ist. Gegenwärtig werden bis zu $30 \cdot 10^6\ m^3$ Wasser je Jahr an die Städte Düsseldorf und Neuss aus dem Sümpfungswasser des Braunkohlenbergbaus geliefert, jedoch zeitlich befristet bis zum Jahr 1995.

Die Ableitung der nicht verwendeten Sümpfungswässer der Erft-Scholle erfolgt z.Z. zu 83% durch die Erft, während rd. 15% durch den Kölner Randkanal zum Rhein fließen. Knapp 2% werden gegenwärtig nach Westen zur Rur abgeleitet.

9. Restloch

Durch die Gewinnung von $2,4 \cdot 10^9$ t Braunkohle im Abbaufeld Hambach und durch den Abtransport von $2,7 \cdot 10^9$ m^3 Abraum teilweise zur Außenkippe Sophienhöhe, teilweise zur Verfüllung von Restlöchern in den Tagebauen Fortuna-Garsdorf, Bergheim und Frechen wird mit der Beendigung des Kohlenabbaus im Hambach-Feld, und zwar in dessen südlicher Hälfte, ein Restloch mit einer Fläche von etwa 34 km^2 entstehen. In dieses Restloch werden die Abraummassen verstürzt werden, die beim Aufschluß eines Anschlußtagebaus anfallen, sofern nach dem Jahr 2040 noch Braunkohle benötigt wird. Ist ein Bedarf an Braunkohle nicht mehr gegeben, wird ein weiterer Tagebau nicht mehr aufgeschlossen werden. Aus dem Restloch Hambach wird ein Restsee. Der Inhalt dieses Restsees würde bei einer angenommenen Wasserspiegelhöhe von +30 m NN und unter Berücksichtigung sehr flacher Böschungen rd. $2,9 \cdot 10^9$ m^3 betragen, also ebensoviel wie der Stauraum aller in der Bundesrepublik gegenwärtig vorhandenen Talsperren.

Es ist zwar zu erwarten, daß auch nach dem Jahr 2040 Braunkohlen noch in erheblichen Mengen benötigt werden, so daß in das Restloch in der südlichen Hälfte des Tagebaus Hambach die Abraummassen des Aufschlusses für den nächsten Tagebau verstürzt werden. Hier soll jedoch einmal angenommen werden, daß das Restloch nicht verfüllt und damit zu einem Restsee würde.

In diesem Fall ist in Anbetracht der sehr langen Zeitspanne zur Auffüllung des Restlochs allein aus der Grundwasserneubildung und aus Gründen der Standsicherheit der Böschungen erforderlich, das Restloch überwiegend von außen mit Wasser zu füllen. Da die Überschußmengen von Erft und Rur zu gering sind, kommt nach dem sogenannten Gärtner-Plan nur eine Füllung des Restloches mit Wasser aus dem Rhein in Betracht. Nimmt man an, daß die Einleitungsmenge in den See mit 9,5 m^3/s als obere Leistungsgrenze einer Aufbereitungsanlage für Rheinwasser anzusehen ist, so ergibt sich für den See wegen der zwischenzeitlichen Versickerung eine Füllzeit von rd. 14 Jahren. Die Zeitspanne für das großflächige Auffüllen des Grundwassers in der Erft-Scholle würde trotz der anfänglich beträchtlichen Versickerung aus dem See etwa 450 Jahre betragen.

Bei der in Aussicht genommenen Zuleitung von aufbereitetem Rheinwasser würde sich die sehr erwünschte Möglichkeit einer ständigen wasserwirtschaftlichen Nutzung des Restsees ergeben. Für die Wasserversorgung des betroffenen Raumes wäre dies von sehr großer Bedeutung [10].

10. Rekultivierung

Auch die Rekultivierung der ausgekohlten und mit Abraum wieder verfüllten Teilflächen des Tagebaus Hambach ist nicht ohne Schwierigkeiten. Als kulturfähiges Bodenmaterial kommt für die Rekultivierung nur Löß in Betracht. Die vorhandene Lößüberdeckung des Tagebaugebietes Hambach ist – wie eingehende Untersuchungen des Geologischen Landesamtes Nordrhein-Westfalen im Jahr 1959 ergeben haben – recht gering.

Südlich der Linie Elsdorf – Steinstraß – Stetternich (Abb. 3) beträgt die Lößmächtigkeit bis zur südlichen Abbaugrenze häufig nur 0,1 bis 1 m. Nördlich der genannten Linie steht Löß zwischen 1 und 4 m Mächtigkeit an.

Nach den Ergebnissen der Untersuchungen des Geologischen Landesamtes ist im Abbaugebiet Hambach eine Lößmenge von rd. $90 \cdot 10^6\ m^3$ ermittelt worden. Da diese Menge nicht vollständig gewonnen werden kann, ist insgesamt nur etwa mit $70 \cdot 10^6\ m^3$ Löß zu rechnen, die für die Rekultivierung verfügbar sind. Davon sind rd. $33 \cdot 10^6\ m^3$ im wesentlichen Parabraunerde, die für die landwirtschaftliche Rekultivierung geeignet sind, und $37 \cdot 10^6\ m^3$, die typologisch vorwiegend als Pseudogleye entwickelt sind und für die forstliche Rekultivierung verwendet werden können.

Nach Abzug der Fläche für den geplanten Restsee verbleiben – in gerundeten Zahlen – etwa 50 km^2, die mit kulturfähigem Boden zu überdecken sind. Davon sollen 40 km^2 für die forstliche und 10 km^2 für die landwirtschaftliche Nutzung rekultiviert werden.

Für die forstliche Rekultivierung einer Fläche von rd. 40 km^2 reicht die insgesamt im Tagebaugebiet zu gewinnende Lößmenge von $70 \cdot 10^6\ m^3$ aus. Als kulturfähiges Material wird ein sogenannter Forstkies verwendet. Das ist ein Gemenge aus Löß, Sand und Kies, das mit einer Mächtigkeit von 4,0 m aufgebracht wird, wobei der Lößanteil rd. 45% beträgt.

Auf den für die landwirtschaftliche Rekultivierung vorgesehenen Flächen wird ein Gemenge von Lößlehm und kalkhaltigem Löß mit 2,2 m Mächtigkeit aufgetragen. Nach der Bodenart handelt es sich dabei um schluffige Böden mit einer neutralen bis schwach basischen Reaktion, die sich im Laufe der Bodengenese wieder zu einem den Umweltbedingungen angepaßten Bodenorganismus mit hoher pflanzenbaulicher Ertragsleistung entwickeln werden.

Die für die landwirtschaftlich zu rekultivierenden Flächen im Abbaufeld Hambach erforderlichen Lößmengen von etwa $22 \cdot 10^6\ m^3$ müssen aus dem Tagebaugebiet Frimmersdorf, wo beträchtliche Mengen Löß anstehen, über eine Entfernung von ca. 30 km herantransportiert werden, da – wie dargelegt – im Abbaufeld Hambach nicht genügend Löß vorhanden ist. Sollte die als Restloch bezeichnete Fläche nach entsprechender Verfüllung auch landwirtschaftlich rekultiviert werden, müßten schätzungsweise weitere $100 \cdot 10^6\,m^3$ Löß herbeigeschafft werden. Ob solche Mengen im Tagebaugebiet Frimmersdorf verfügbar sind, ist zu gegebener Zeit zu untersuchen [11].

Literatur

[1] Gesamtverband des deutschen Steinkohlenbergbaus (1981): Steinkohle 1980/81, Daten und Tendenzen. – 5 S., 23 Tab., 38 Taf.; Essen.

[2] Statistik der Kohlenwirtschaft e.V. (1981): Zahlen zur Kohlenwirtschaft, Heft Nr. 120. – 101 S., 70 Tab.; Essen.

[3] Braubach, B. (1977): Die Entwicklung der Braunkohle in der Bundesrepublik Deutschland und ihre heutige energiewirtschaftliche Bedeutung. – Braunkohle 29: 95–100, 3 Abb.; Düsseldorf.

[4] Drucksache des Deutschen Bundestages, 9. Wahlperiode, Nr. 983 (1981). – 35 S., 5 Tab.; Bonn.

[5] Leuschner, H.-J. (1980): Die Abbauvorhaben im Rheinischen Braunkohlenrevier in bezug auf Raum und Zeit. – Schriften des Vereins für Socialpolitik, Neue Folge 108: 129–147, 10 Abb.; Berlin.

[6] Henning, D. (1981): Erste Betriebserfahrungen beim Aufschluß des Tagebaus Hambach. – Braunkohle 33: 208–219; 19 Abb., 1 Tab.; Düsseldorf.

[7] Gliese, J. (1977): Allgemein-geologische Beschreibung der Lagerstätte. – Tagebau Hambach und Umwelt: 39–43; Krefeld (Geol. L.-Amt Nordrh.-Westf.).

[8] Thiede, H.-J. (1979): Landesplanerisches Genehmigungsverfahren für den Tagebau Hambach. – Markscheidewesen 86: 90–96, 6 Abb., 2 Tab.; Essen.

[9] Rödel, E. (1977): Braunkohlenplanung als Teil der Landesplanung. – Tagebau Hambach und Umwelt: 7–22, 3 Abb., 5 Tab.; Krefeld (Geol. L.-Amt Nordrh.-Westf.).

[10] Stein, A.: Auffüllung des Grundwassers. – Tagebau Hambach und Umwelt: 97–98; Krefeld (Geol. L.-Amt Nordrh.-Westf.).

[11] Heide, G., Schalich, J. (1977): Kulturfähiges Bodenmaterial für die Rekultivierung. – Tagebau Hambach und Umwelt: 72–75, 2 Tab.; Krefeld (Geol. L.-Amt Nordrh.-Westf.).

Abbildungen

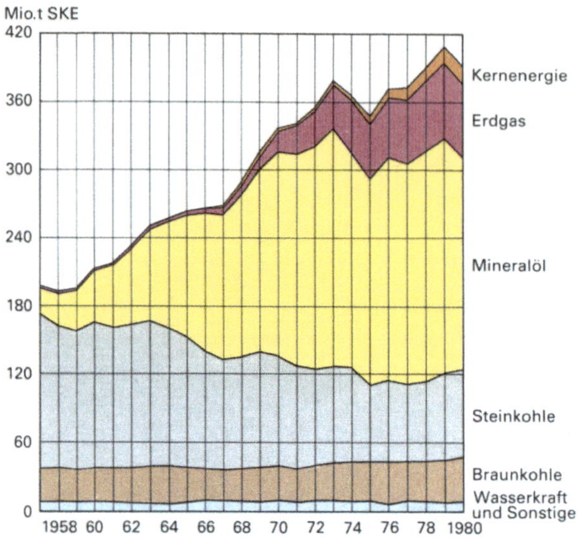

Abb. 1: Primärenergieverbrauch in der Bundesrepublik Deutschland von 1957 bis 1980 [1].

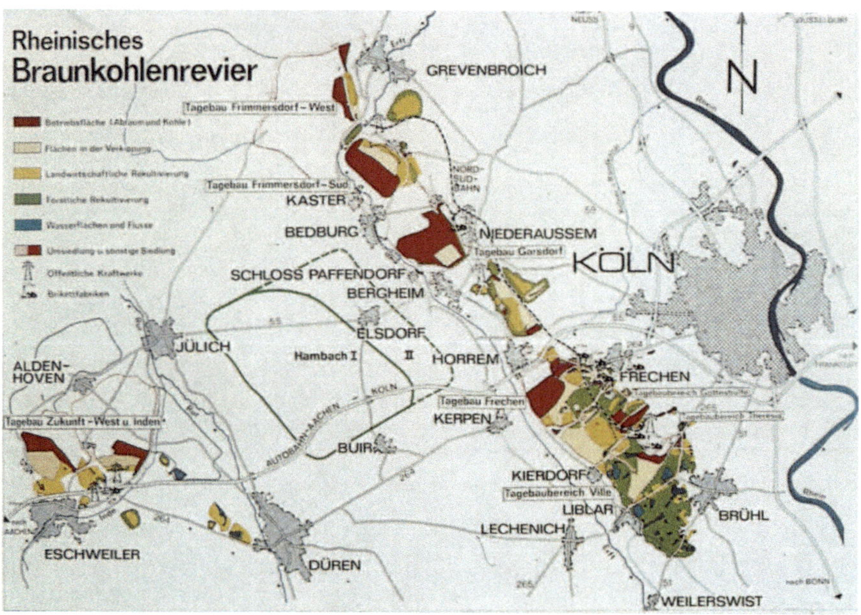

Abb. 2: Rheinisches Braunkohlenrevier.

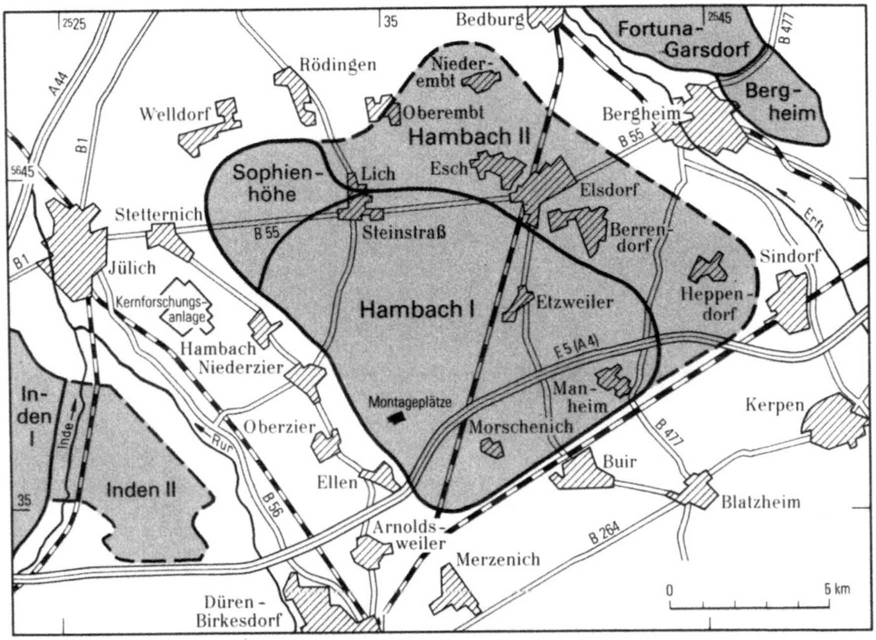

Abb. 3: Abbaugebiet für den Tagebau Hambach.

Abb. 4: Tektonische Übersicht der südlichen Niederrheinischen Bucht.

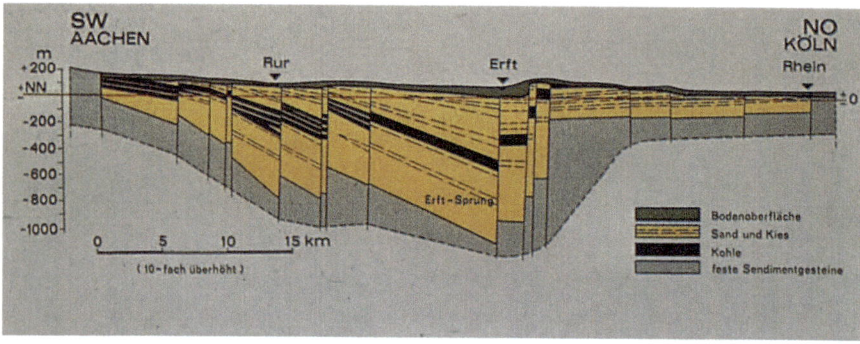

Abb. 5: Schnitt durch die Rheinische Braunkohlenlagerstätte.

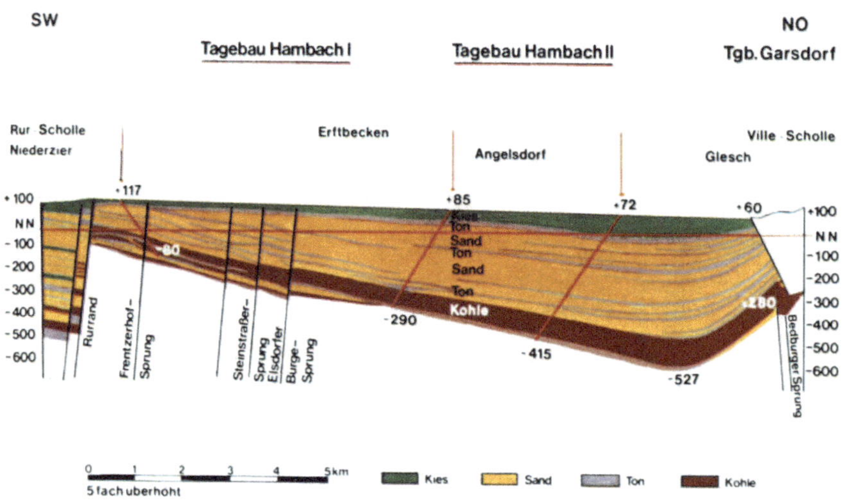

Abb. 6: Schnitt durch den Abbaubereich Hambach.

Abb. 7: Schaufelradbagger mit einer Kapazität von 240 000 m³/d.

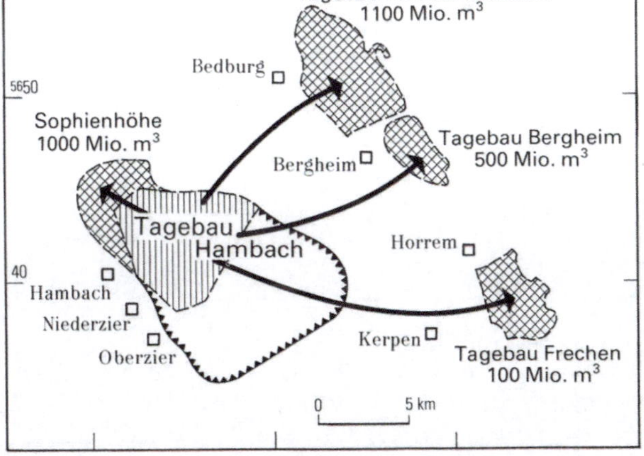

Abb. 8: Unterbringung der Abraummassen während des Aufschlusses des Tagebaus Hambach.

Abb. 9: Ausschnitt aus der Strukturkarte Nordrhein-Westfalen. Die roten Sterne bezeichnen Epizentren von Erdbeben (mit Jahreszahl des Ereignisses). – Aus: Deutscher Planungsatlas, Band I Nordrhein-Westfalen, Lieferung 8, Herausgeber: Akademie für Raumforschung und Landesplanung in Zusammenarbeit mit dem Minister für Landes- und Stadtentwicklung, Abt. II – Landesentwicklung (Landesplanungsbehörde), 1976.

Diskussion

Herr Welte: Glauben Sie, daß zum heutigen Zeitpunkt der Plan eines so gigantischen Tagebaues noch genehmigt werden würde? Das Energieproblem ist nach wie vor das gleiche; vielleicht ist es sogar noch brisanter. Die ganze Problematik des Tagebaues ist ja, wie Ihre Ausführungen zeigten, im Grunde genommen gemeistert worden.

Wie wären nach Ihrer Einschätzung in der heutigen Situation, die energiemäßig noch brisanter ist, die Aussichten auf Erfolg für ein solches Vorhaben angesichts unserer Umweltschützer, der entsprechenden Lobby etc.?

Herr Reiche: Man sollte es vielleicht an einem konkreten Beispiel verdeutlichen. Spätestens 1995 muß die Entscheidung fallen, ob das Reservefeld Hambach II noch gleich beim Abbau von Hambach I mitgewonnen werden kann. Während im Bereich des Tagebaues Hambach I insgesamt rund 5000 Menschen in 40 Jahren umzusiedeln sind, müßten im Bereich eines möglichen Tagebaues Hambach II etwa 16 000 Menschen umgesiedelt werden. Hier wird die Schwierigkeit besonders deutlich.

Ich teile Ihre Bedenken, die anklangen, daß die Anforderungen an den Umweltschutz heute wahrscheinlich ein noch sehr viel umfassenderes Verfahren für eine Ausweisung eines weiteren Tagebaugebietes mit sich bringen würde. Ich bin aber der Meinung, daß bei einem entsprechenden frühzeitigen Anlaufen zumindest die Grundfakten rechtzeitig ermittelt und der betroffenen Bevölkerung bekanntgemacht werden könnten, so daß die Diskussion von einem gleichen Kenntnisstand ausgehen kann. Nur sollten dann die umfangreichen wissenschaftlichen Untersuchungen etwas früher initiiert werden, damit die armen Gutachter nicht so fürchterlich unter Zeitdruck stehen. Es war das Mißliche beim Tagebau Hambach I, daß die Information über die elf Teile des ökologischen Gutachtens im Grunde genommen sehr spät unter die Betroffenen kam. Das war auch der Hauptgrund dafür, Herr Professor Welte, daß entgegen den Vorschriften des Landesplanungsgesetzes, die ja vom Braunkohlengesetz in der Form übernommen worden sind, die Auslegung nicht, wie gesetzlich vorgeschrieben, nur einen Monat erfolgte, sondern in allen Gemeinden, im Kreis und beim Regierungspräsidenten auf drei

Monate fixiert war. Ich bin der Meinung, daß man mit einer groß angelegten Aufklärung und Information doch manche falschen Vorstellungen abbauen könnte.

Das besonders Bedeutsame im Bereich von Hambach II liegt ja darin, daß dort die Kohle zwar noch ein Stück tiefer liegt, aber auch noch mächtiger ist; das Braunkohlenflöz hat dort eine Dicke von 85 m.

Herr Flohn: Ich war besonders beeindruckt von dem Problem der Grundwasserabsenkung, das sich hieraus ergibt, und den Zahlen, die Sie genannt haben. Ich hätte aber gerne in dem Zusammenhang einige zusätzliche Informationen.

Es wird doch wohl richtig sein, daß wir in den nächsten Jahren über längere Zeit hinweg eine maximale Grundwassersenkung haben. Um wieviel wird hierdurch z. B. der Abfluß der Erft verstärkt?

Und die damit zusammenhängende Frage: Sie erwähnten bereits, daß die Grundwasserabsenkung einen großen Teil der Erft-Scholle selbst erfaßt und vielleicht auch Teile der benachbarten Schollen. Was haben die Gutachter hinsichtlich der klimatischen und vegetationsmäßigen Auswirkungen dieser Grundwasserabsenkung gesagt?

Herr Reiche: Zunächst zu der Frage der Ableitung. Ich sagte, daß von der gehobenen Grundwassermenge, die in den vergangenen Jahren im gesamten rheinischen Braunkohlenrevier etwa 1 Mrd. m^3/a betrug, aus dem Bereich der Erft-Scholle 80% durch die Erft abgeleitet wurden; 18% wurden durch den Kölner Randkanal zum Rhein und 2% in die Rur abgeführt.

Herr Flohn: Wie tief ist inzwischen das Grundwasser abgesunken?

Herr Reiche: Das ist eine Zahl, die ich im Augenblick nicht nennen kann, weil sie auch nicht veröffentlicht ist. Das Geologische Landesamt ist keine Wasserwirtschaftsbehörde; der Grad der Grundwasserabsenkung und der dabei gewonnenen Mengen ist zunächst einmal eine wasserwirtschaftliche Frage. Ich müßte schätzen, aber hier sind die Bandbreiten zu groß. Da Ende nächsten Jahres die Braunkohlenförderung in Hambach beginnt – zwar zunächst in den flacheren Teilen am Westrand – wird die Grundwasserabsenkung bis zu diesem Zeitpunkt dort mindestens 250 m betragen. Ich glaube, das ist eine brauchbare Aussage.

Herr Flohn: Meine zweite Frage war: Was sagen die Gutachter über die möglichen Auswirkungen auf Klima und Vegetation?

Herr Reiche: Zu den Auswirkungen auf die Vegetation sind sehr klare Aussagen gemacht worden. Sie fielen deshalb verhältnismäßig leicht, weil die Grundwasserabsenkungen für die Tieftagebaue seit 1955 nach sehr sorgfältigen Analysen und

Studien betrieben worden sind. Die Vegetation hat unter den bisherigen Grundwasserabsenkungen nicht gelitten, wenn ich von einigen wenigen Hölzern absehe, die mit ihren Wurzeln besonders tief reichen, fast bis ins Grundwasser oder gar bis ins Grundwasser. Was an Pflanzen vorhanden war, hat keinerlei Umstellung zu erfahren brauchen. Es wurden weiterhin Rüben, Weizen und dergleichen angebaut, und die Ertragsminderung liegt, wenn sie überhaupt feststellbar ist, in sehr geringen Grenzen.

Herr Pischinger: In energietechnischen Diskussionen wird immer wieder beruhigend auf die großen Reserven an Kohle und Braunkohle hingewiesen. Ihr Vortrag hat gezeigt, daß diese Reserven nach einem sehr genauen Plan in der Zukunft mit einer bestimmten Jahresrate gefördert werden sollen, und ich habe den Eindruck gewonnen, daß diese jährliche Produktion sehr genau festgelegt ist.

Die Frage ist nun: Wie ließe sich in Notzeiten diese Produktion – und sei es nur vorübergehend für einige Jahre – über die Zahlen hinaus, die Sie genannt haben, erhöhen?

Herr Reiche: Diese Frage ist bereits des öfteren erörtert worden. Wenn man eine Tagebaukapazität, wie ich sie befürwortet habe, von 120 Mio. t/a im Rheinischen Revier installiert hat, dann ist es – und das werden Ihnen Fachleute ohne weiteres bestätigen – kein Problem, auch 10 oder 15 Mio. t/a Braunkohle mehr zu fördern.

Auch im normalen Jahresablauf ist sehr häufig ein Stoßbetrieb gegeben. Plötzlich tritt ein großer Bedarf an Strom aus den Braunkohlenkraftwerken auf, und es muß innerhalb ganz kurzer Zeit mehr Kohle gefördert werden. Das geht auch und ist im wesentlichen nur eine Frage der Ausrüstung mit Reserveaggregaten, die dann im entscheidenden Moment sofort einspringen können.

Ich würde sagen, der Engpaß liegt in den strukturellen Maßnahmen, im Umsiedeln der Gemeinwesen, im Bau von Straßen und von Eisenbahnen. Da gibt es ganz bestimmte Vorgaben, die in ganz bestimmten Zeiträumen erledigt sein müssen. Außerdem ist es nicht gut und schafft Unruhe in der Bevölkerung, wenn eine Umsiedlung nach der anderen Schlag auf Schlag erfolgt.

Die Entscheidung des Braunkohlenausschusses, jetzt nur die Bevölkerungsteile entscheiden zu lassen, die noch bis zum Jahre 2000 umgesiedelt werden müssen, und alles, was nach dem Jahr 2000 bis 2030 dem Abbau weichen muß, erst von der dann lebenden Generation bezüglich des Ortes der Wiederansiedlung entscheiden zu lassen, halte ich für eine ausgesprochen gute Entscheidung.

Herr Wurster: Herr Präsident Reiche, die Abdichtung der Erft-Scholle durch die Tapeten auf den Verwerfungen ist natürlich eine etwas kritische Sache; denn eine solche Tontapete auf einer derartigen Verwerfung ist dünn und verletzlich.

Es erfolgen doch während dieser langen Zeit der Grundwasserabsenkung auch größere langsame Zirkulationen des Grundwassers, die unter Umständen auch tief hinabgreifen. Ist nun irgendwo auch nur eine Leckstelle in der Verwerfungstapete, so kommt auch der Grundwasserstrom aus den Nachbargebieten in Gang. Frage: Ist das hydrogeologisch abgesichert?

Die zweite Frage: Kann es nicht sein, daß durch diese Zirkulation, die auch tief unter das Flöz hinuntergreift, unter Umständen in den langen Zeiträumen, mit denen Sie rechnen, mineralisiertes Grundwasser aus der Tiefe auftaucht? Ist an diese Zirkulationsabläufe in größerer Tiefe von den Hydrogeologen gedacht worden?

Herr Reiche: Dieser mögliche Aufstieg stärker mineralisierter Wässer hat schon seit langem zu verschiedenen Überlegungen geführt, weil man die Gefahr durchaus sieht. Denken Sie an den Messebrunnen in Köln, wo wir durch das Süßwasser hindurch den beachtlichen Aufstieg von hochmineralisiertem Wasser haben, was nicht gerade zur Freude der Kölner Wasserwerke erfolgt.

Die Frage, inwieweit diese dünnen Tapeten schon durch das größere Druckgefälle oder die größere Fließgeschwindigkeit unter Umständen noch stärker undicht werden, wird sehr eingehend beobachtet, indem man an den bekannten Grundwasser-Übertrittsstellen sehr sorgfältig mißt. Es ist ja eine neue große Brunnengalerie genau an der großen Übertrittsstelle bei Niederzier installiert worden, um das dort von der Rur-Scholle zufließende Wasser sofort zu heben.

Die Frage, inwieweit ein Aufstieg des mineralisierten Wassers, das vorwiegend unter der Braunkohle vorhanden ist – das dritte Grundwasserstockwerk oberhalb der Kohle ist kaum stärker mineralisiert als die oberen beiden –, erfolgt, wird sehr exakt beobachtet. Noch gibt es keine Anzeichen, auch auf der Ville in Garsdorf, wo man ähnliche Verhältnisse hat, daß das stärker mineralisierte Wasser „schon" im Aufsteigen begriffen wäre.

Herr Wurster: Ich habe noch eine kleine Zusatzfrage: Liegt die Beobachtung des Grundwassers in der Kompetenz des Geologischen Landesamtes oder besteht unter Umständen, weil es in der der Wasserbehördenaufsicht liegt, eine Informationslücke?

Herr Reiche: Nein, es besteht keine Informationslücke. Die dafür zuständigen Stellen – das sind in erster Linie der Große Erftverband, eine Körperschaft öffentlichen Rechts, sowie die Staatlichen Ämter für Wasser- und Abfallwirtschaft in Aachen und in Bonn – geben Durchschriften ihrer Aufzeichnungen regelmäßig an das Geologische Landesamt, so daß wir jederzeit über Änderungen rechtzeitig informiert sind.

Herr Kick: Herr Präsident, Sie erwähnten die Bedeutung der Lößüberdeckung vor allem für die Rekultivierungsvorhaben bei landwirtschaftlichen Flächen – Sie sprachen von 10 km^2 – und vielleicht auch bei forstwirtschaftlichen Flächen.

Frage: Kann man hier – darauf weisen schon manche Erfahrungen hin – die Verwertung der Siedlungsabfälle einschalten? Das betrifft einmal den Müll, zum anderen aber die Klärschlämme, Stoffe, die sich eigentlich für solche Bodenverbesserungsmaßnahmen als recht geeignet erwiesen haben, allerdings auch nicht ganz frei von Problemen sind, wegen ihres Gehaltes an Schwermetallen und anderen Schadstoffen. Für die Forstwirtschaft ist dies vielleicht sekundär. Schadstoffe aller Art sind vielleicht für die Wasserwirtschaft von Bedeutung, wenn solche Rekultivierungsgebiete wasserwirtschaftlich zur Trinkwassergewinnung usw. genutzt werden sollen. Wenn man kalkhaltiges Lößmaterial, das meist bis 3–5% Calciumcarbonat enthält, zur Rekultivierung verwendet, liegen die eingebrachten Schwermetalle darin eigentlich ziemlich fest und mobil. Wäre es denkbar, daß man bei der Rekultivierung Lößmaterial und Siedlungsabfälle kombiniert? Oder ist das völlig aus der Diskussion?

Herr Reiche: Nein. Es gibt bereits komplette Müllverkippungen in den relativ hoch gelegenen ausgekohlten Tagebauen der Ville. Dort verkippt die Stadt Köln große Mengen von Müll. Es gibt außerdem in dem dortigen Raum eine Sondermülldeponie der chemischen Industrie, die in Knappsack ansässig ist. An diesen Stellen sind besondere Vorsichtsmaßnahmen getroffen worden, indem die schädlichen – ich drücke mich sehr vorsichtig aus – Deponieabfälle in eine sehr starke Folie über erhebliche Breiten eingeschweißt werden, um sie erst dann in den ausgekohlten Tagebau einzubringen. Es muß ja alles sichergestellt werden, damit die Grundwasserverseuchung in engsten Grenzen bleibt.

Es ist sehr schwierig, im voraus zu sagen, wo sich nach einem Wiederanstieg des Grundwassers, wenn die Sümpfungsmaßnahmen des Bergbaus in den bestimmten Teilen beendet sind, das Grundwasser wieder einstellen wird und ob die Annahmen über die zu erwartende Grundwasserfließrichtung stimmen.

Einem möchte ich widersprechen: Daß die Schwermetallanreicherungen im Bereich der forstlichen Nutzung weniger bedenklich wären.

Herr Kick: Trotzdem ist die Qualität der Böden exorbitant im Vergleich zu dem, was man eventuell steuern kann.

Herr Reiche: Wobei allerdings ein Teil der Schwermetalle, wie das Blei, in nicht löslicher Form vorliegt.

Herr Staufenbiel: Ich habe zwei Fragen. Wird eigentlich die Außenkippe beseitigt, wenn später wieder verfüllt wird? Und im Anschluß daran die zweite Frage: Wenn wieder verfüllt wird, ist es dann nicht einfacher, anstatt diese riesigen Materialmengen in den Tagebau zu kippen, einfach die Seen zu verlegen, das Grundwasser zu retten und es in die Tagebaugebiete zu pumpen, die offensichtlich ausgeglichen werden müssen?

Herr Reiche: Wenn ich mit der letzten Frage beginnen darf: Die ausgekohlten Tagebaue liegen dicht an dem mit 15 000 Einwohnern stark besiedelten Gebiet, das ich mit Hambach II gekennzeichnet habe. Dort liegen große landwirtschaftlich geprägte Siedlungen, wie auch eine große Zuckerfabrik. Es war also ein besonderer Wunsch der Landwirtschaft, daß westlich von Elsdorf mindestens 10 km^2 landwirtschaftlich rekultiviert werden. Dies ging nur, indem man auch in den Tagebauen, die zum früheren Auskohlen bereitstehen – Fortuna Garsdorf, Frechen, Bergheim –, möglichst komplett alles rekultiviert und nachher vorwiegend einer landwirtschaftlichen Nutzung zuführen wird.

Die Beseitigung der Sophienhöhe, der Außenkippe von Hambach I, wo immerhin 1 Mrd. m^3 Abraum geschüttet werden, wird nicht erfolgen. Das war auch ein Wunsch eines nicht ganz kleinen Teils der Bevölkerung, die gerne eine Dominante in der Landschaft haben möchte. Wir haben in Ortsterminen erlebt, daß sich eine ganze Reihe von Mitbürgern sehr bedauernd äußerten, als es hieß: Hier kommen nicht 2,7 Mrd. m^3 Abraum hin, sondern ihr müßt euch mit 1 Mrd. m^3 zufriedengeben. Das gab echte Enttäuschung! Auf der anderen Seite – so unterschiedlich sind nun einmal die Dinge – ist die in Frechen, bei Fortuna-Garsdorf und in Bergheim am Rande der Tagebaue lebende Bevölkerung enttäuscht, daß bei ihnen keine Restseen entstehen. Es ist – wie immer – schwierig, es allen recht zu machen.

Herr Mückenhausen: Die Außenkippe wird auf einer Fläche aufgesetzt, wo eine mächtige Lößschicht ansteht. Wird der Löß nicht vorher weggenommen, weil doch ein Mangel an Löß für die Gewinnung landwirtschaftlicher Nutzfläche besteht?

Herr Reiche: Es war ursprünglich nicht sofort vorgesehen, weil die Zeit drängte. Jetzt aber wird der Löß dort sorgfältig gewonnen.

Herr Neumann: Sie schnitten das schwierige Problem der Wiederauffüllung des Restsees mit Rheinwasser an, das ja stark phosphatbelastet ist. Ein ähnliches Problem ist kürzlich beim Abschluß des Frechener Tagebaues diskutiert worden, wobei von den entsprechenden Fachgutachtern gefordert worden ist, daß für das einzuführende Wasser eine Phosphat-Elimination notwendig wäre. Ist in dieser Hinsicht bereits für den geplanten Restsee im Tagebau Hambach eine Kalkulation durchgeführt worden? Und wenn ja, würde der erforderliche Kostenaufwand in einer realisierbaren Größenordnung liegen?

Herr Reiche: Die Fachleute sagen ja, allerdings unter der zwingenden Voraussetzung, daß nicht Roh-Rheinwasser eingeleitet wird, sondern aufbereitetes Rheinwasser. Ich nannte die Menge von 9,5 m^3/s, die eingeleitet werden soll. Das hängt nicht unmittelbar mit dem Rheinwasserstand zusammen. Der mittlere Rheinwasserabfluß liegt bei etwa 1000 m^3/s. Wenn ich also je Sekunde 10 m^3, um rund zu rechnen, entnehme, dann ist das 1%. Ich könnte natürlich durchaus mehr Kubikmeter Rheinwasser entnehmen, aber die Grenzen liegen in der Aufbereitungsanlage.

Herr Schreyer: Die Niederrheinische Bucht ist ja auch ein seismisch aktives Gebiet, und es stellt sich die Frage, ob durch eine Grundwasserabsenkung nicht auch gewisse Störungslinien, die in langsamer Bewegung sind, ihre Schmierung verlieren und dann plötzlich eine Spannung aufbauen, die sich möglicherweise einmal in einem etwas stärkeren Erdbeben als das sonst der Fall ist – kleine Beben gibt es ja immer, die niemand bemerkt – äußert. Ist diese Möglichkeit bedacht worden?

Herr Reiche: Auf dem Bild (Abb. 9), das einen Ausschnitt der Strukturkarte von Nordrhein-Westfalen mit der Niederrheinischen Bucht und dem Rheinischen Schiefergebirge einschließlich Hohes Venn zeigt, geben die roten Sterne mit Jahreszahlen die Herde von seismischen Ereignissen wider, die in geschichtlicher Zeit eingetreten sind. Sie sehen zum Beispiel die Jahreszahlen 1950, 1951, 1926, 1756, 1878, 1877, 1813, um nur einige zu nennen.

Die Überlegungen, ob die Masseverlagerung durch Entfernung des Grundwassers eine besondere Seismizität auslösen könnte, haben vielfältige Gutachten angeregt und hervorgebracht. Man ist eigentlich übereinstimmend zu der Auffassung gekommen, daß in der Zeit, in der das Grundwasser abgesenkt wird, mit größeren seismischen Ereignissen kaum zu rechnen ist.

Anders sieht es aus, wenn man das Grundwasser wieder langsam ansteigen läßt. Sie kennen die Erfahrungen, die in Nordamerika bei verschiedenen Talsperren gemacht worden sind, wo durch plötzliche Auflast tatsächlich nicht unbeträchtliche seismische Ereignisse induziert worden sind, wenn ich es einmal so nennen darf.

Hier gehen intensive Überlegungen und Messungen in erheblichem Umfange voraus. Eine ganz wesentliche Hilfe dabei sind die Erdbebenstationen, die seismischen Stationen, die in Bohrlöchern rund um den Tagebau angelegt worden sind und von Herrn Professor Ahorner vom Erdbebeninstitut der Universität Köln betrieben werden.

Darüber hinaus hat die Landesregierung das Geologische Landesamt NW beauftragt, eigene Meßstationen einzusetzen, die – und das ist das Besondere dabei – nicht in den Tertiär-Schichten, sondern im Grundgebirge, nämlich im Karbon und Devon angebracht sind. Die Seismometer sind in 300–400 m tiefen Bohrungen versenkt, und die Ergebnisse werden genau registriert.

Was wir bisher an gut erkennbaren seismischen Ereignissen aufgezeichnet haben, sind die großen Erdbeben in Süditalien. Sie wurden bei uns phantastisch gut registriert. Das, was aus dem Tagebaugeschehen selbst, beispielsweise von Fortuna-Garsdorf oder Hambach, bisher an seismischen Aktivitäten zu erkennen ist, ist minimal.

Sie wissen, daß zur Zeit in bestimmten Kreisen sehr ernsthaft überlegt wird, eine Erdbebenvorhersage zu erreichen. Ob das wirklich einmal möglich sein wird, möchte ich zumindest heute noch offenlassen.

Was wir mit diesen Erdbebenstationen – mit Herrn Professor Ahorner besteht ein ständiger Austausch der Meßergebnisse – erreichen wollen, ist zunächst einmal die Erkenntnis, welche seismischen Aufzeichnungen der normale Tagebaubetrieb überhaupt ergibt. Darüber bestand ja bisher weitgehend Unklarheit. Das wissen wir inzwischen. Alles andere bedarf dann – und das ist der entscheidende Punkt – der Lokalisierung, wo der Herd des Bebens ist. Mit Hilfe der geometrischen Verteilung der Seismometerstationen ist das nun mit erheblicher Genauigkeit möglich.

Ich bin der Meinung, daß gegenwärtig noch keine Gefahr für größere seismische Ereignisse gegeben ist.

Vulkane und ihre Wurzeln

von *Hans-Ulrich Schmincke,* Bochum

„Der allgemeinere neue Vulkanismus ist eigentlich ein kühner Versuch, die gegenwärtige unbegreifliche Welt an eine vergangene unbekannte zu knüpfen.“ Goethe

1. Einleitung

Vulkaneruptionen gehören zu den eindrucksvollsten Naturphänomenen. Sie haben den Menschen in aktiven Vukangebieten seit grauer Vorzeit mit Angst und Schrecken erfüllt und ihn deshalb immer wieder nach den Ursachen, den Wurzeln dieser Naturgewalten fragen lassen. In vielen Ländern, vom pazifischen Kulturkreis bis zu den Kulturen der abendländischen Klassik, haben sich unzählige Naturmythen über Dämonen und Götter der Tiefe entwickelt [1, 2]. Noch den Fegefeuervorstellungen des christlichen Mittelalters liegt die orientalische Überlieferung eines reinigenden Feuerstroms in der Tiefe zugrunde [3]. In der griechischen Mythologie tritt überdies schon neben der lebenszerstörenden deutlich auch die lebenserhaltende Seite der Vulkangewalten zutage: mit dem Geschenk des Feuers, das er dem Hephaistos in der Tiefe gestohlen hatte, verhalf Prometheus dem Menschen zu seiner wahren Existenz [4]. Diese Ambivalenz charakterisiert bis heute – vielleicht stärker denn je – unser Erkenntnisinteresse am Phänomen des Vulkanismus.

Einerseits sind katastrophale Eruptionen eine Bedrohung, die nicht nur lokale Verwüstungen, sondern auch globale Klimaveränderungen bewirken können. Andererseits stellt der natürliche Reichtum der Vulkane an geothermischer Energie und magmatischen Erzlagerstätten eine Chance und Herausforderung dar, ihn dem Menschen nutzbar zu machen. Beide Aspekte machen es unumgänglich, die sichtbaren und meßbaren vulkanischen Manifestationen an der Erdoberfläche und in der Atmosphäre als Ausdruck eines weit umfassenderen Systems zu begreifen, dessen Dynamik und Gesetzmäßigkeiten sich nur im Rahmen einer breiten interdisziplinären Grundlagenforschung entschlüsseln lassen.

Um konkret zu werden: Methoden zur Vorhersage von Eruptionen lassen sich nur dann entwickeln und klimatische Auswirkungen lassen sich nur dann abschätzen, wenn sowohl gegenwärtige wie vergangene Eruptionsabläufe detailliert analysiert und rekonstruiert werden und darüber hinaus Herkunft und Entwicklung der austretenden Materie (Gesteinsschmelzen wie Gase) in der Tiefe erschlossen und in die Gesamtanalyse einbezogen werden. Analog lassen sich Mechanismus und Ort der Entstehung von Wärme- und magmatischen Erzlagerstätten nur dann begreifen bzw. lokalisieren, wenn Magmakammern als oberflächennahes Glied (d.h. Zwischenreservoir) eines komplexen Flüssigkeitssystems modellartig erforscht werden.

Insofern stellen Vulkane ein Fenster in stofflich nicht direkt zugängliche Erdtiefen von bis über 200 km dar. Sie zeigen auch, daß die Erde im Inneren noch heiß ist und daß die Entgasung der Erde keineswegs abgeschlossen ist, dies ein seit 4,6 Milliarden Jahren andauernder Vorgang, durch den sowohl Atmosphäre wie auch Hydrosphäre entstanden sind, beide wiederum Voraussetzung für die Entwicklung der Biosphäre.

In dem nachfolgenden Bericht möchte ich zunächst eine kurze Standortbestimmung der vulkanischen Vorgänge im Rahmen des gegenwärtigen geologischen „Weltbildes" versuchen und dann einige stoffliche und dynamische Aspekte von Vulkanen diskutieren, indem der Weg eines Magmas vom Ort seiner Entstehung bis an die Erdoberfläche verfolgt wird. Diese Fragen sollen vor allem am Beispiel der Eifel, einer geologisch jungen Vulkanprovinz in Mitteleuropa, verdeutlicht werden.

2. *Vulkanismus und Plattentektonik*

In der etwa zweihundertjährigen Geschichte der Wissenschaft von der festen Erde, der Geologie, gab es zwei große theoretische, jeweils Jahrzehnte währende Auseinandersetzungen. Der erste Streit betraf direkt die Frage nach den Wurzeln der Vulkane. Gegen Ende des 18. Jahrhunderts standen in der Erdwissenschaft die sogenannten Neptunisten der Schule von A. G. Werner (Freiberg), die das Feuer der Vulkane mit brennenden Kohleflözen in der Tiefe erklärten und den Basalt als aus Meerwasser abgeschieden ansahen, den Plutonisten gegenüber, z.B. Desmarest (Frankreich) und Hutton (England) [5], die rein vulkanische Wärmequellen und ein Erstarren von glutflüssigen Lavaströmen an der Oberfläche postulierten.

Der Streit, in dem sich auch Goethe, ein Freund Werners, über Jahrzehnte engagierte, wurde zwar zugunsten der Plutonisten entschieden. Dieser Sieg führte allerdings langfristig zu der dogmatischen Auffassung, daß Vulkaneruptionen ihre Explosivität ausschließlich endogenen, magmatischen Vorgängen wie Entgasung verdanken. Erst seit gut zehn Jahren verdichten sich die Hinweise auf die zentrale Rolle des Grundwassers bei hochexplosiven Eruptionen, basierend zum Teil auf

Forschungen in der Eifel. Die katastrophale Eruption des Mt. St. Helens Vulkans am 18. Mai 1980 war ein besonders drastischer Ausdruck dieses explosiven Zusammentreffens von Wasser und Feuer. Wie bei einem neuen Paradigma vielleicht nicht anders zu erwarten, treffen diese Vorstellungen allerdings noch auf breite Ablehnung.

In der zweiten großen Kontroverse in der Geschichte der Erdwissenschaften spielte die Frage nach den Wurzeln der Vulkane ebenfalls eine zentrale, wenn auch nicht ausschließliche Rolle. ALFRED WEGENER stellte 1912 der damals herrschenden Auffassung von der Permanenz der Ozeanbecken und Kontinente seine mobilistischen dynamischen Vorstellungen von auseinanderbrechenden und wandernden Kontinenten gegenüber [6]. Diese über fünfzig Jahre lang von der Fachwelt fast einhellig bekämpfte visionäre Sicht der Erdentwicklung hat erst seit etwa fünfzehn Jahren in der erweiterten Form der Theorien des sea floor spreading und der Plattentektonik begonnen, das gesamte Weltbild der Erdwissenschaften zu revolutionieren. Neben die hergebrachte, auf seismisch ermittelten Dichteunterschieden basierende, statische Schalengliederung der äußeren festen Erde in Kruste (ca. 30 km dick in Kontinenten, ca. 7 km unter den Ozeanen) und darunter folgendem Mantel, trat eine dynamische Gliederung in Lithosphärenplatten (Fig. 1). Die Platten, im Mittel 100 km dick, bewegen sich auf einer Asthenospähre genannten Schicht, deren etwas geringere Dichte möglicherweise durch einen Flüssigkeitsfilm zwischen den Kristallen bedingt ist. Platten entstehen ständig neu an den mittelozeanischen Plattenrändern, von denen sie sich lateral fortbewegen.

Die Theorien der Plattentektonik und des sea floor spreading haben auch der Wissenschaft von den Vulkanen und ihrer Entstehung einen Neubeginn ermöglicht:

a) Die Zuordnung der Vulkane auf der Erde zu großtektonischen Zonen (Fig. 1):

Vulkane markieren auf der Oberfläche der Erde die Hauptzonen der ständigen Erdkrustenentstehung, die Mittelozeanischen Rücken oder divergierenden (konstruktiven) Plattenränder. Diese wichtigsten Erdnähte, über 70 000 km lang, bestehen aus vielen tausend untermeerischen Vulkanen, deren Eruptionen wir kaum wahrnehmen, und den dazugehörigen darunterliegenden Magmakammern in der ozeanischen Unterkruste. Magmaproduktion ist mit ca. 14 km^3/a am höchsten an den Mittelozeanischen Rücken.

Da die Erde nach heutigem Wissensstand nicht expandiert, muß die an diesen divergierenden Plattenrändern neu entstandene Kruste durch Krusten- bzw. Plattenzerstörung oder Verschluckung um den gleichen Betrag wieder kompensiert werden. Dies geschieht, z. B. rings um den Pazifik, durch Abtauchen der ozeanischen Platte entlang von Verschluckungs- oder Subduktionszonen. Diese konver-

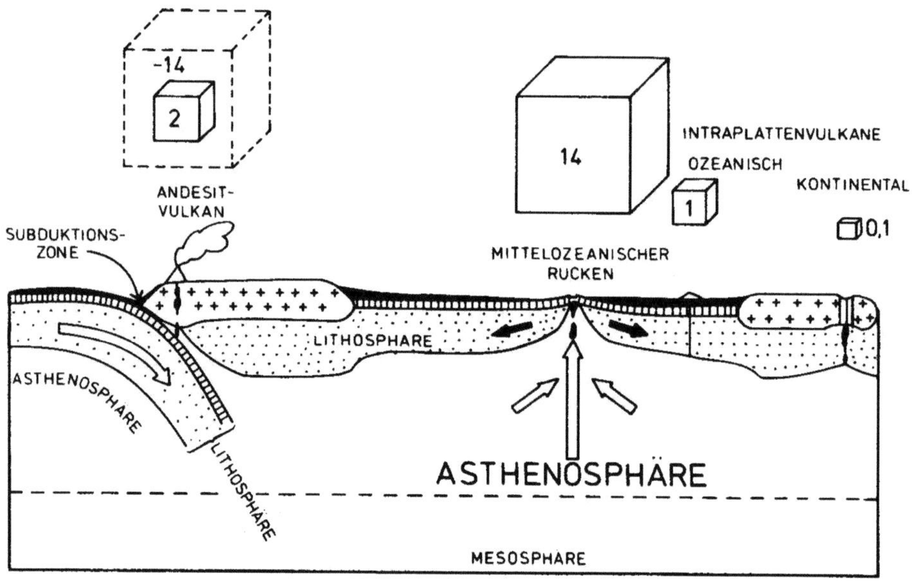

Fig. 1: Schematischer Querschnitt durch Lithosphäre und Asthenosphäre etwa im Bereich der Südhalbkugel vom pazifischen bis indischen Ozeanbecken. Modifiziert nach [39]. Magmaproduktionsraten in km^3/a nach NAKAMURA (1974) und FUJII (1975).

gierenden (destruktiven) Plattenränder sind durch ästhetisch schöne (Tafel I a), wegen ihrer explosiven Eruptionen aber oft zerstörerische Vulkane und vor allem durch die großen Erdbeben gekennzeichnet. Die Magmaproduktion beträgt ca. 3 km^3/a über den Subduktionszonen, jedoch werden 14 km^3/a wieder in der Subduktionszone verschluckt.

Eine dritte Gruppe umfaßt die innerhalb von ozeanischen und kontinentalen Platten auftretenden sogenannten Intraplattenvulkane. In diesem tektonischen Milieu wird am wenigsten Magma produziert bzw. eruptiert (ca. 1 km^3/a). Bekannte Beispiele für ozeanische Intraplattenvulkane sind Hawaii (Tafel II) und die Kanarischen Inseln. Kontinentale Intraplattenvulkane sind oft an Hebungsgebiete und tektonische Grabenzonen gebunden. Die Eifel ist ein typisches kontinentales Intraplattenvulkanfeld.

b) Die dynamischen Vorgänge bei der Magmaentstehung und die Zusammensetzung und Evolution des Ausgangsgesteins:

Die z. Z. plausibelste Theorie der Magmaentstehung ist die durch Druckentlastung in konvektiv, vielleicht diapirartig aufsteigender, heißer Mantelmaterie aus olivinreichem, Peridotit genannten Gestein, sei es unter den Mittelozeanischen Rücken, sei es unter den Platten. Da die Temperatur (Geotherm) im Mantel normalerweise unter der Schmelzkurve (Solidus) für Mantelperidotit liegt – beide steigen mit zunehmender Tiefe – kann dieses Ausgangsgestein nur dann anfangen zu schmelzen, wenn sich Schmelzkurve und Geotherm schneiden, z. B. dadurch, daß der Druck erniedrigt wird. Die Schmelztemperatur kann auch durch Zufuhr flüchtiger Komponenten wie H_2O und CO_2 erniedrigt werden. Die meisten Magmen stammen aus einem Mantel, der aufgrund früherer Aufschmelzvorgänge an Elementen mit niedrigen Mineral/Schmelz-Verteilungskoeffizienten (LIL oder inkompatible Elemente) verarmt ist. Zu diesen gehören auch K, Th und U, durch deren radioaktiven Zerfall der Hauptteil der Erdwärme produziert wird. Da diese Elemente im Verlauf der Erdgeschichte insbesondere in der oberen Erdkruste angereichert werden, verflacht sich der Temperaturgradient mit der Tiefe.

An Subduktionszonen ist die Magmengenese vermutlich viel komplizierter [9, 10]: als Ausgangsmaterial kommt vor allem der Mantelkeil über der subduzierten Ozeankruste in Frage, modifiziert durch Komponenten der subduzierten, durch Austausch mit Meerwasser hydrothermal veränderten Basaltkruste, sowie lokal der mit den magmatischen Gesteinen abgetauchten Sedimente. Es gibt Hinweise darauf, daß die flüchtigen Bestandteile wie H_2O und die Alkalien bei der Erwärmung der abtauchenden Platte freiwerden. Beim Aufstieg in den überlagernden Mantel könnten sie dessen Schmelztemperaturen erniedrigen und so die Magmenbildung unter konvergierenden Plattenrändern auslösen. Wärme, die von in die Unterkruste aufgestiegenen Magmen abgegeben wird, kann zur partiellen Aufschmelzung von umgebenden Krustengesteinen und damit zur Entstehung von solchen Granitmagmen führen, die chemisch und mineralogisch als Krustenderivate angesehen werden können. Vermischung von Magmen, die aus dem Mantel, mit solchen, die aus Krustengesteinen abgeleitet werden können, ist daher besonders häufig in magmatischen Provinzen über Subduktionszonen zu beobachten.

3. *Die quartären Vulkanfelder der Eifel*

3.1 Einleitung

Die meisten geologisch jungen Vulkanprovinzen Mitteleuropas sind im Tertiär vor etwa zwischen 10 und 40 Millionen Jahren (Ma) entstanden (Hocheifel, Siebengebirge, Westerwald, Vogelsberg, Rhön, Kaiserstuhl usw.) (Fig. 2) [11, 12]. An wenigen Stellen, wie bei Eger, Clermont-Ferrand und der West- und Osteifel (beiderseits der Hocheifel) haben sich auch im Quartär Vulkane oder ganze Vulkanfelder entwickelt. Unter der Eifel ist die Erdkruste ca. 30 bis 35 km dick und besteht sehr vereinfacht aus zwei Hauptschichten, dem ca. 4 bis 5 km mächtigen oberen Stockwerk (vorwiegend gefaltete devonische Schiefer- und Sandsteine) sowie dem sogenannten kristallinen Grundgebirge aus höher metamorphen Gestei-

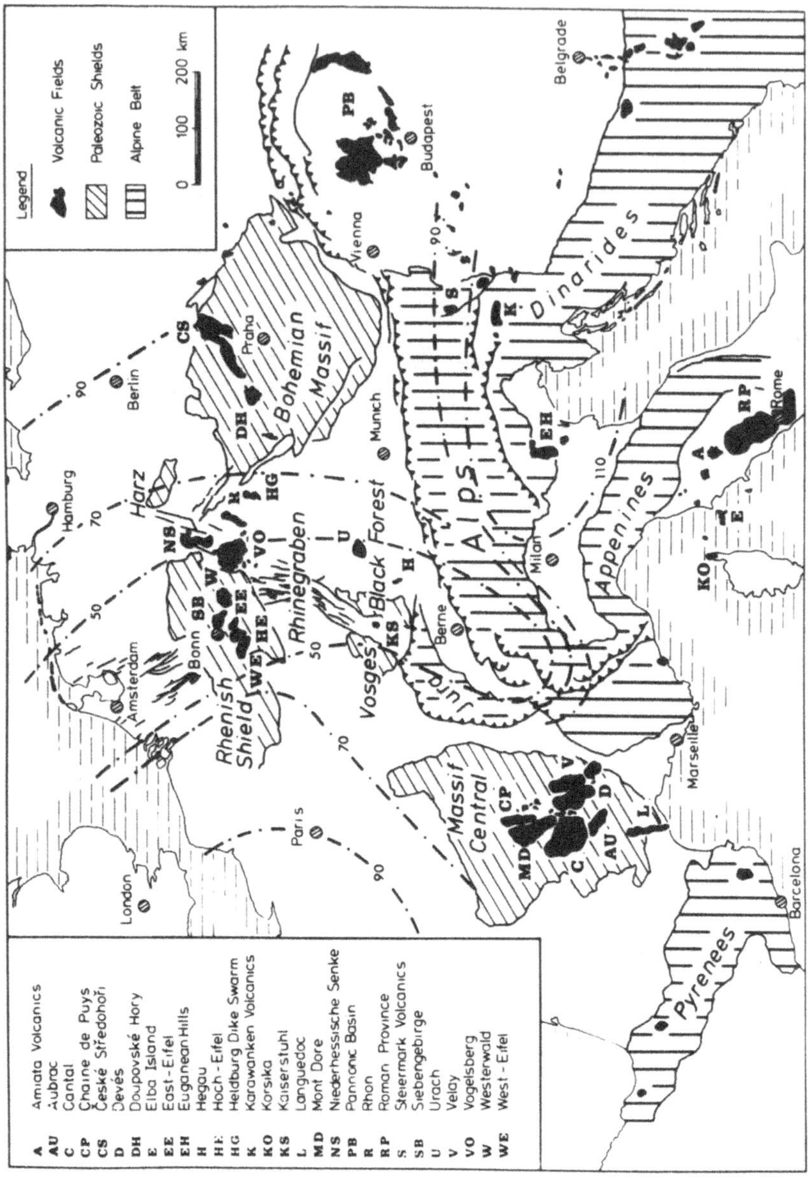

Fig. 2: Verbreitung der tertiären und quartären Vulkanprovinzen in Europa. Die gestrichelten Linien zeigen die Tiefe der Grenze Lithosphäre/Asthenosphäre in km (nach [14]).

nen [15]. Die Lithosphäre, d. h. Kruste samt oberster Mantelschicht, ist in diesem Bereich in Mitteleuropa nur ca. 50 km mächtig [14]. Die beiden quartären Vulkanfelder der Eifel (Fig. 3) sind jünger als etwa 0,7 Ma, zeigen eine überwiegend NW-SE-orientierte Erstreckung, wobei in beiden der Vulkanismus von NW nach

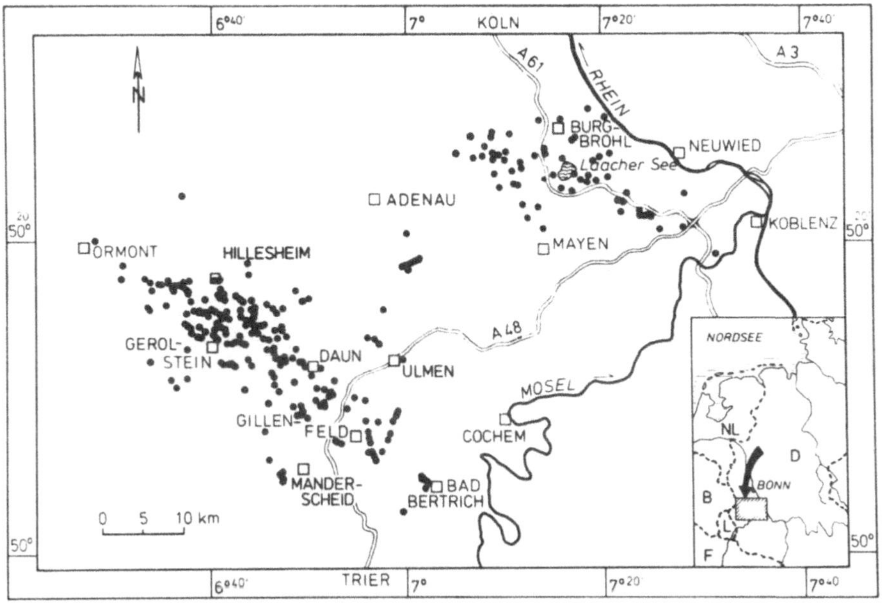

Fig. 3: Verteilung der Eruptionszentren der quartären Vulkanfelder Westeifel und Osteifel (vgl. Fig. 2). Aus MERTES (1982).

SE gewandert ist, und sind durch K-reiche Magmenzusammensetzungen charakterisiert, die auf der Erde selten sind [16, 19].

3.2 *Magmenentwicklung*

Bevor ich die Eifel als Fallstudie vorstelle, möchte ich kurz einige Randbedingungen und Definitionen einführen, die heute nicht mehr kontrovers sind.

Die in Vulkanen eruptierten Magmen lassen sich nach ihrer chemischen – und, daraus ableitbar, mineralogischen – Zusammensetzung einteilen in die Hauptgruppen der primitiven – im weitesten Sinne – basaltischen Magmen, die SiO_2-Gehalte zwischen 40 und 50 Gew.% haben und reich sind an Mg, Fe, Ca, Ti, Cr und Ni, sowie die intermediären und hochdifferenzierten Derivatmagmen, die an Si, Al, K, Na und Spurenelementen wie Ba, Rb, Th, U, Zr, Nb usw. angereichert sind.

Die primitiven Magmen sagen etwas aus über die Aufschmelzbedingungen und die Zusammensetzung des Ausgangsmaterials in ihrem Entstehungsbereich im Mantel, ähnlich wie man aus der Analyse von Fluß-Sanden und Geröllen auf die Zusammensetzung des Gebirges im Hinterland schließen kann. Daß sie aus dem Mantel stammen – und nicht aus der Kruste – ist (a) wegen ihrer hohen Eruptions-

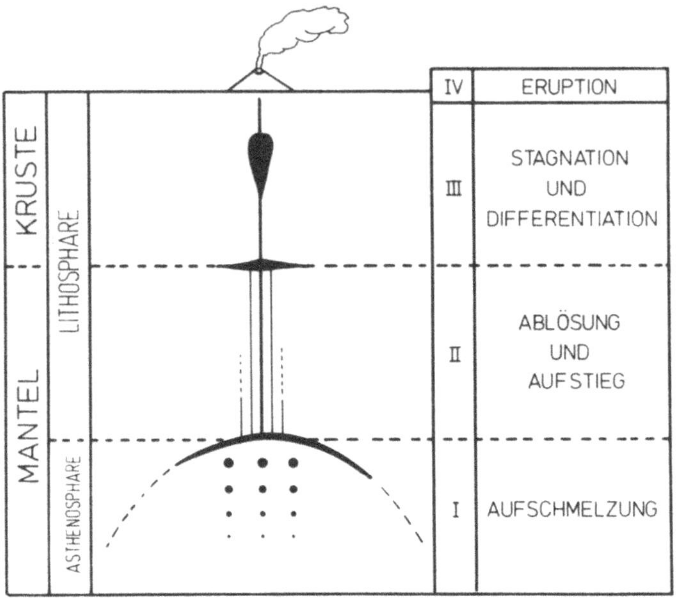

Fig. 4: Schematischer Querschnitt durch einen kontinentalen Intraplattenvulkan, seinen Magmakammern, Aufstiegszonen und seinem Aufschmelzbereich.

temperaturen (ca. 1200°), die etwa doppelt so hoch sind wie die für die Basis der Kruste im Durchschnitt angenommenen, (b) ihrer chemischen Zusammensetzung und (c) der von alkalischen Basaltmagmen mitgeführten Bruchstücke (Xenolithe) von peridotitischem Mantelgestein nicht umstritten. Ihre Zusammensetzung kann dann als *primär* bezeichnet werden, wenn sie sich nach ihrer Entstehung nicht mehr durch fraktionierte Kristallisation, Kontamination, Magmenmischung usw. verändert haben, mit anderen Worten: noch mit Mantelperidotit im Gleichgewicht stehen können – eine Bedingung, die in der Natur sicher nie ganz erfüllt ist. Aus den Derivatmagmen lassen sich vor allem Abkühlungs- und Differentiationsprozesse ableiten, die in krustalen Magmareservoirs bei niedrigeren Drucken und Temperaturen ablaufen.

Wenn wir, losgelöst vom tektonischen Milieu, ein schematisches Bild von einem Vulkan und seinen Wurzeln entwerfen, so können wir im Prinzip vier große Bereiche unterscheiden, vier Stadien, die ein Magma von seiner Entstehung im Erdmantel bis zu seiner Erstarrung an der Erdoberfläche durchläuft (Fig. 4). Diese Stadien sind annäherungsweise Tiefenstockwerke, die jedoch nicht scharf voneinander zu trennen sind und für unterschiedliche Vulkan-Magmasysteme je spezifische Tiefenbereiche haben. Ich nenne diese Stadien der Einfachheit halber (1) Aufschmelzbereich, (2) Ablösung und Aufstieg, (3) Stagnation und Differentiation und (4) Eruption.

3.3 Aufschmelzbereich

Die Fragen nach der Zusammensetzung des Ausgangsmaterials, der Tiefe und Ausdehnung des Schmelzbereichs und der Aufschmelzprozesse werden heute mit sehr unterschiedlichen Methoden untersucht.

Etwa die Hälfte der Westeifelvulkane, aber nur etwa 10% der Osteifelvulkane zeigen eine primitive Zusammensetzung (> 10% MgO, Mg/Mg + Fe-Verhältnis > 67), die nach gängigen Kriterien nur wenig fraktioniert ist und z. T. mit Mantelperidotit im Gleichgewicht stehen kann (Fig. 5) [17, 19]. Diese primitiven Eifelmagmen sind an inkompatiblen Spurenelementen wie Ba, Rb, Zr, Th, U und den leichten Seltenen Erden (LSE) wie auch an K stark angereichert und können als hochalkalische Magmen angesehen werden. Da die inkompatiblen oder LIL (large ion lithophile) Spurenelemente, d. h. solche, deren Kristall/Schmelze-Verteilungskoeffizienten wesentlich unter 1 liegen, bei geringer partieller Aufschmelzung (< 10%) in der Schmelze angereichert werden, können die primitiven Eifelmagmen in erster Näherung als Produkt geringer Aufschmelzung angesehen werden. Der Gehalt des Ausgangsmaterials an diesen Elementen ist jedoch nicht genau bekannt, so daß der absolute Grad der partiellen Aufschmelzung nicht spezifiziert werden kann. Allerdings ist die Konzentration von Elementen wie P, die als Maß für den Grad der Aufschmelzung interpretiert werden [20, 21], nicht so hoch wie anhand der LIL-Gehalte zu vermuten wäre, so daß aus diesen wie auch anderen Gründen eine Anreicherung (Metasomatose) eines „Normal"-Mantels an Elementen wie den LSE, Nb und insbesondere Ba und Rb angenommen werden muß.

Der hohe Grad der SiO_2-Untersättigung und der hohe CaO-Gehalt der Eifelmagmen sprechen darüber hinaus für eine Entstehung bei hohen CO_2- und H_2O-Gehalten und einem hohen CO_2/H_2O-Verhältnis [22, 23].

Es gibt nun in den quartären Vulkanfeldern der Eifel zwei Hauptgruppen, die weder durch eine Kombination von bekannten Mineralphasen durch Fraktionierung auseinander abgeleitet noch durch unterschiedlich starke Aufschmelzung aus einem einheitlichen Mantelausgangsmaterial erklärt und besonders klar in der Westeifel voneinander unterschieden werden können [17, 19]. Eine kleinere, jüngere, praktisch auf den Südostteil der Westeifel beschränkte Gruppe von Basaniten und Olivinnepheliniten (OBW-Suite) hat zwar deutlich niedrigere K, Ba, Rb, Cu, Hf, Ta, Sc und LSE-Konzentrationen als die im Feld überwiegenden Leuzitite und Nephelinite (MLN-Suite), hat aber andererseits hohe Y und Sr und z. T. Nb und Zr-Konzentrationen. Darüber hinaus zeigen die ON-Magmen deutlich niedrigere $^{87}Sr/^{86}Sr$ und höhere $^{143}Nd/^{144}Nd$ Isotopenverhältnisse als die MLN-Magmen [24, 25], die ihre Herkunft aus einem durch frühere Aufschmelzung an den inkompatiblen Elementen Rb und Sm stärker verarmten Mantel anzeigen. Unter der Westeifel sind also mindestens zwei verschiedene Mantelbereiche von der par-

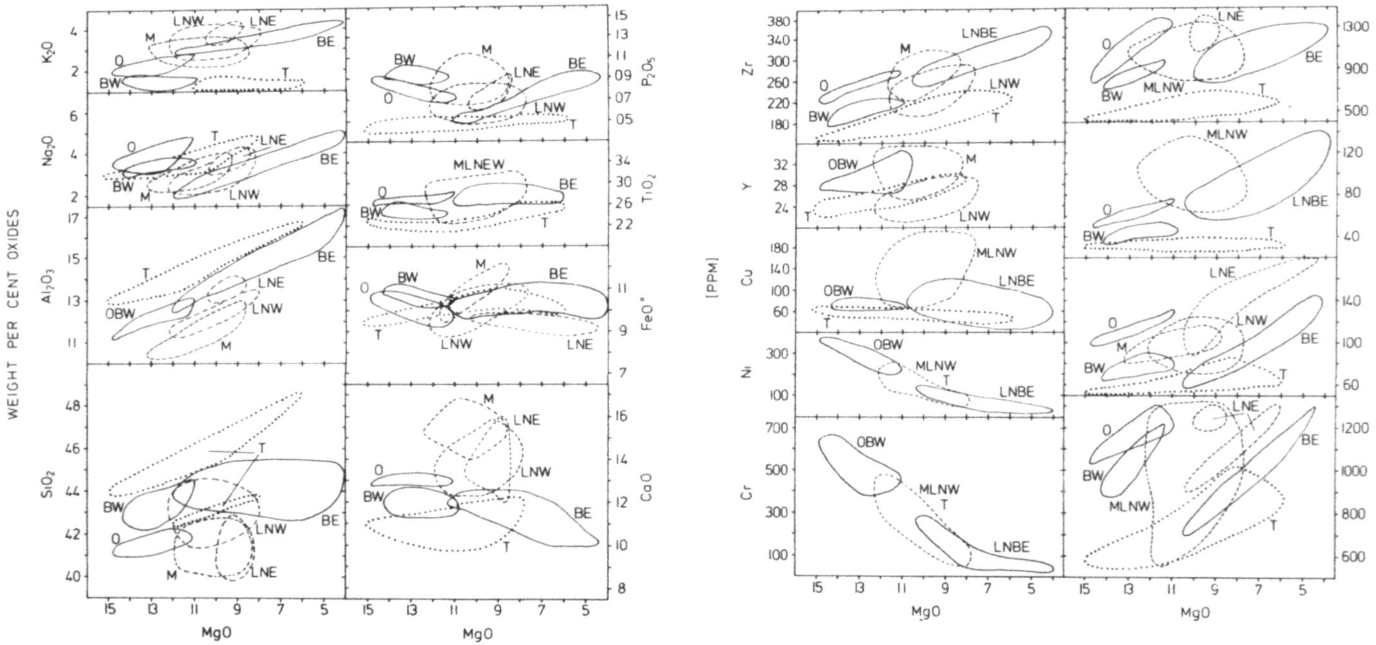

Fig. 5: MgO-Variationsdiagramm von Haupt- und Spurenelementen der primitiven und intermediären quartären Eifelvulkane. Westeifel (W): B = Basanite, O = Olivin Nephelinite, M = Melilith Nephelinite, LN = Leuzitite, Nephelinite. Osteifel (E): B = Basanite, MLN = (Melilith)-Nephelinite, Leuzitite. T = Tertiäre Alkali-Basalte aus Ost-, West- und Hocheifel. Daten (ca. 200 Analysen): DUDA u. SCHMINCKE (1978), MERTES (1982) und SCHMINCKE (unveröffentlicht).

tiellen Aufschmelzung betroffen worden, wobei die Magmen des Hauptfeldes aus einem stark an LIL-Elementen angereicherten, aber von der Sr- und Nd-Isotopen-Zusammensetzung her relativ primitiven, der Evolution der Gesamterde entsprechenden Mantel stammen, die jungen Magmen im Südosten dagegen aus einem Mantel, der eindeutig durch frühere Aufschmelzung verarmt, aber vor der erneuten Aufschmelzung wieder angereichert worden war.

In der Osteifel unterscheiden sich nach den vorliegenden noch spärlichen Daten basanitische (BE)- und leuzititisch-nephelinitische (LNE)-Magmen nur wenig in ihren radiogenen Isotopenverhältnissen [24], jedoch deutlich in ihren Verhältnissen von inkompatiblen Elementen, die durch unterschiedlich starke partielle Aufschmelzung nicht erklärbar sind. So liegt z. B. das Zr/Nb-Verhältnis der älteren LNE-Suite mit ca. 2.20 nur wenig unter den Westeifelwerten, die von 2.20 (Olivinnephelinite) bis 2.76 (Basanite) reichen, aber deutlich unter denen für die jüngeren primitiven Basanitmagmen der Osteifel (ca. 3.55), Unterschiede, die nur durch eine heterogene Mantelzusammensetzung erklärt werden können.

In welcher Tiefe sind nun die quartären Eifelmagmen entstanden? Wenn wir nur die Zusammensetzung der primitivsten Magmen mit hohem Mg/Fe-Verhältnis und hohen Cr- und Ni-Gehalten betrachten, die nicht durch Akkumulation von Einsprenglingen (Liquidusphasen) oder durch Peridotitbruchstücke verfälscht sind, dann zeigt ein Vergleich mit experimentellen Daten eine Entstehungstiefe von ca. 25 kb, d. h. ungefähr 80 km Tiefe unter der Eifel an [17].

Die besonders in der Westeifel häufigen Peridotitxenolithe sind insgesamt zu den Spinellperidotiten zu zählen und dürften aus Tiefen von maximal etwa 60 km stammen [26–30], der Grenze zu den bei höheren Drucken stabilen Granatlherzolithen. Die Gleichgewichtstemperaturen der in vielen Xenolithen koexistierenden Phasen Orthopyroxen, Klinopyroxen und Spinell liegen bei ca. 1150 °C, erheblich höher als für kontinentale Mantelbereiche angenommen, Anzeichen dafür, daß die Magmen aus einem relativ heißen Mantelbereich aufgestiegen sind. Einige Peridotitxenolithe führen Amphibol, der als Ergebnis einer Mantelmetasomatose interpretiert wird, die nicht älter als etwa 150 Ma ist. Eine Abfolge von stark gestreßten porphyroklastischen im Rand- und westlichen Zentralbereich und von rekristallisierten Xenolithen im östlichen Zentralbereich spiegelt möglicherweise eine Zonierung von einem kühleren Rand- zu einem heißeren Zentralbereich einer Aufschmelzanomalie (?) wider.

Auch geophysikalisch gibt es vielfältige Hinweise auf dynamische Prozesse im obersten Erdmantel unter der Eifel, die vermutlich mit der Magmengenese im Zusammenhang steht. Die mit 50 km relativ dünne Lithosphäre unter der Eifel, nur halb so tief wie normal, ist Teil einer großräumigen Verdünnung der Lithosphäre unter der Rheinrift-Zone [14]. Darüber hinaus hat Raikes unter der Eifel einen Störkörper zwischen ca. 50 und 150 km Tiefe nachgewiesen, in dem Fernbeben

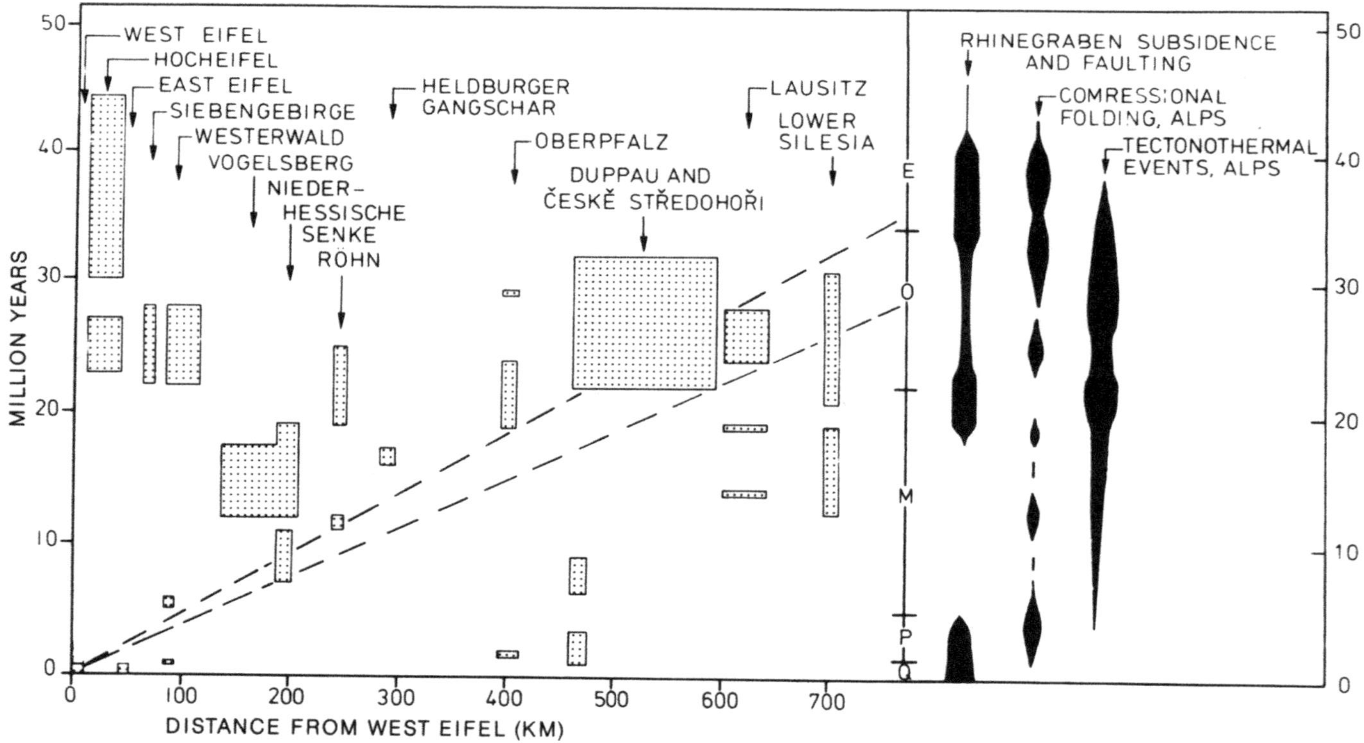

Fig. 6: Altersverteilung känozoischer Vulkanfelder in Mitteleuropa entlang eines Profils Eifel – Schlesien im Vergleich mit Faltungs- und Metamorphosephasen in den Alpen und Einbruchsphasen der Rhein-Riftzone. Die Breite der punktierten Felder entspricht ungefähr der Projektion der Ausdehnung eines Feldes entlang eines Ost-West-Profils. Die gestrichelten Linien zeigen die postulierte Altersprogression nach DUNCAN et al. (1972, Fig. 3). Die Altersangaben für Eruptionsbeginn, Dauer und Ende eines Vulkanfeldes sind noch sehr unvollständig, insbesondere für die östlichen Vulkanprovinzen. Altersangaben insbesondere von LIPPOLT und Mitarbeitern (z. B. [11, 12, 38]) (eingehender Literaturnachweis in [13]). Alter der tektonischen und metamorphen Phasen aus ILLIES (1977) ergänzt durch TRÜMPY und ILLIES (mdl. Mitt. 1979, in [13]).

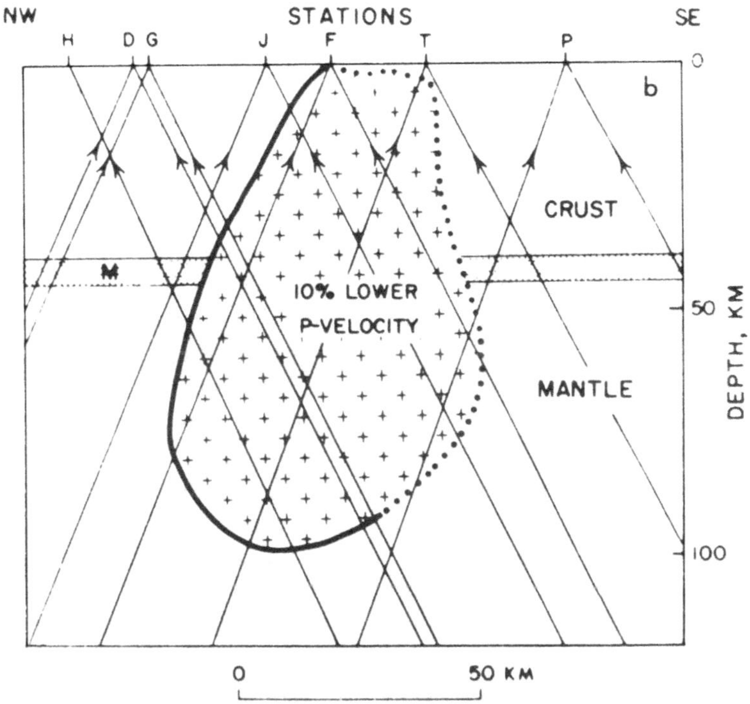

Fig. 7: Bereich erniedrigter Fernbebengeschwindigkeit in Kruste und Mantel unter dem Yellowstone-Vulkangebiet (USA). Aus Iyer (1976).

um etwa 3–4% abgeschwächt werden, möglicherweise bedingt durch eine 1–2%ige partielle Aufschmelzung [31].

Ähnliche, zuerst von Iyer unter dem Yellowstone-Gebiet bis in über 250 km Tiefe (Fig. 6, 7) nachgewiesene Mantelanomalien [32, 33] finden sich unter vielen großen aktiven Vulkangebieten und müssen zur Zeit als die eigentlichen Wurzelbereiche der Vulkane gelten. Diese Anomalien sind zur Zeit der geophysikalisch greifbarste Hinweis auf Mantelveränderungen und dynamische Vorgänge im Mantel, die nicht nur das Problem der Magmenherkunft und -entstehung, sondern auch der mit dem Vulkanismus assoziierten tektonischen Vorgänge betreffen. Bevor wir daher den Weg des Magmas vom Aufschmelzbereich zur Oberfläche weiterverfolgen, möchte ich kurz auf einige großtektonische, noch weitgehend spekulative Vorstellungen eingehen, die in der Eifel als einem Intraplattenvulkanfeld vor allem durch die Modellvorstellungen von Vertikalbewegung, Riftbildung, hot spot und mantle plume gekennzeichnet sind.

3.4 Eifel hot spot

Große junge Intraplattenvulkanfelder werden von Wilson und Morgan [34, 35] als Oberflächenmanifestation von heißen Mantelströmen *(plumes)* interpretiert, die im Mantel stationär verankert sind, aus großen Tiefen aufsteigen und durch Dekompression partiell aufgeschmolzen werden [34]. Die quartären Vulkanfelder der Eifel sollen über einem solchen *hot spot* liegen und die aus diesem *plume* an die Oberfläche gestiegenen Magmen sollen auf der nach Osten gewanderten Lithosphäre in den letzten ca. 40 Millionen Jahren eine Spur in der Form von Vulkanfeldern hinterlassen haben, deren systematische Altersabfolge und Orientierung als Vektoren der Plattenbewegung interpretiert werden (Fig. 6) [36]. Morgan datiert neuerdings den Eifel hot spot auf über ca. 200 Ma und nimmt das Gebiet um Spitzbergen als älteste Oberflächenmanifestation dieses Eifel hot spot an [37].

Allerdings ist das Modell einer linearen Alterszunahme von der Eifel bis zu den Vulkangebieten Schlesiens nicht haltbar [17, 38], vielmehr ist im Mitteltertiär eine Altersabnahme der vulkanischen Tätigkeit von der Hocheifel bis zur Niederhessischen Senke zu beobachten. Die quartären Eifelvulkanfelder können vielleicht eine Rekurrenz darstellen, wie sie sich in der Spätphase vieler Vulkangebiete in der Eruption hoch untersättigter, an inkompatiblen Elementen angereicherter Magmen darstellt, oft verknüpft mit einer späten Hebungsphase [17].

Viele känozoische Vulkangebiete in Mitteleuropa liegen auf gehobenen älteren Blöcken oder in den diese durchschneidenden Riftzonen (Fig. 3), und die Assoziation von kontinentalen Intraplattenvulkanfeldern und Hebungs- und Riftzonen gilt weltweit [39]. Während Vulkanismus und großräumige Aufwölbung zeitlich ungefähr zusammenfallen – wobei der Beginn der partiellen Aufschmelzung möglicherweise sehr viel früher liegen kann als die Oberflächeneruption der Magmen – folgt die Rift- und Grabenbildung meist später und kann ebenfalls mit Vulkanismus assoziiert sein.

Die plattentektonische Interpretation dieser schon von Cloos in seiner klassischen Arbeit zusammenfassend diskutierten Vorgänge Hebung – Spaltung – Vulkanismus [40] ist allerdings noch nicht befriedigend gelungen. Kontrovers ist vor allem die Frage, ob die ursprünglichen Lithosphärenaufwölbungen bzw. -verdünnungen und dadurch ausgelöste Aufschmelz- und Riftbildung primär durch aufsteigendes Mantelmaterial, etwa im Sinne Morgan'scher plumes, erklärt werden können, oder sich Zonen hoher Streßkonzentration (Lithosphärenbrüche) entwickeln, die bei der Wanderung der mechanisch heterogenen Lithosphärenplatten entstehen, eventuell verstärkt durch einen auf diese Zonen fokussierten Transport von heißen, an flüchtigen Bestandteilen und Alkalien reichen Lösungen [41, 42].

In Mitteleuropa scheint ein Zusammenhang zwischen Alpenfaltung und känozoischem Vulkanismus allein aufgrund einer gewissen Parallelität zwischen dem

Alpenbogen und den Vulkangebieten Mittel- und Westeuropas (Fig. 3) und der ungefähren, wenn auch nicht direkt synchronen zeitlichen Koinzidenz von Deformationsphasen in den Alpen, Grabenbildung und Vulkanismus wahrscheinlich, wobei die Prozesse Hebung – Vulkanismus – Spaltung nördlich der Alpen sowohl auf ein möglicherweise auf Lithosphärenaufwölbung zurückzuführendes tensionales Spannungsfeld als auch auf ein von den Alpen ausgehendes horizontales Druckspannungsfeld zurückgeführt werden [43, 44].

Ein spekulatives, übergreifendes Modell, das auf diesen zugegebenermaßen noch außerordentlich spärlichen physikalischen und großtektonischen sowie den oben diskutierten chemischen Daten basiert, könnte etwa folgendermaßen aussehen:

Vielleicht ausgelöst durch das ungeklärte Zusammenspiel von West-Ost-Translation der eurasischen Platte und Kollision der afrikanischen mit der eurasischen Platte sowie Öffnung des Atlantik haben sich im Vorland der Kollisionszone innerhalb der eurasischen Platte domartige Aufwölbungen der Asthenosphäre entwickelt, die zu einer Verdünnung der Lithosphäre führten, möglicherweise bedingt durch einen konvektiven Aufstieg heißerer, tieferer Mantelmaterie. Auf die Entstehung der tertiären, vorwiegend alkalibasaltischen Magmen, vielleicht aus dem Unterteil der aufgeheizten Lithosphäre, folgten nach einer – in der Eifel – ca. 20 Ma währenden Ruhepause hochalkalische Magmen aus einem tieferen Teil der Asthenosphäre. Von dieser Anomalie ausgehende fluide Phasen haben möglicherweise im SE-Teil der West-Eifel im Spätquartär einen überlagernden Mantelbereich mit in die Schmelzanomalie einbezogen, welcher dem tertiären ähnelt. Im Rahmen des MORGAN'schen plume-Modells kann theoretisch durchaus eine in der Asthenosphäre fixierte Schmelzanomalie vor ca. 40 Ma Magmen produziert haben, die jetzt am Ostteil der mitteleuropäischen Kette der Vulkangebiete liegen und heute Magmen entstehen lassen, die in der Eifel eruptiert werden. Nur müßte es dann mehrere plumes geben, sowohl für die östlichen Gebiete quartärer Vulkantätigkeit wie auch für den tertiären Hocheifelvulkanismus einen inzwischen inaktiven plume ca. 700 km westlich der Hocheifel, also eher eine Kette von plumes statt eines einzigen „hot spots". Das Modell einer mehr linearen Aneinanderreihung von z. T. synchron aktiven Schmelzanomalien ist also plausibler als das eines einzigen, stationären Eifel hot spot.

3.5 Aufstiegsbereich

Auch wenn wir nicht wissen, ob der Übergang zwischen dem Aufschmelzbereich und der Aufstiegszone kontinuierlich ist oder nicht, werden diese Stadien hier getrennt behandelt. Möglicherweise ist der Übergang unter den Mittelozeanischen Rücken kontinuierlich, da hier die Asthenosphäre bis dicht an die Kruste

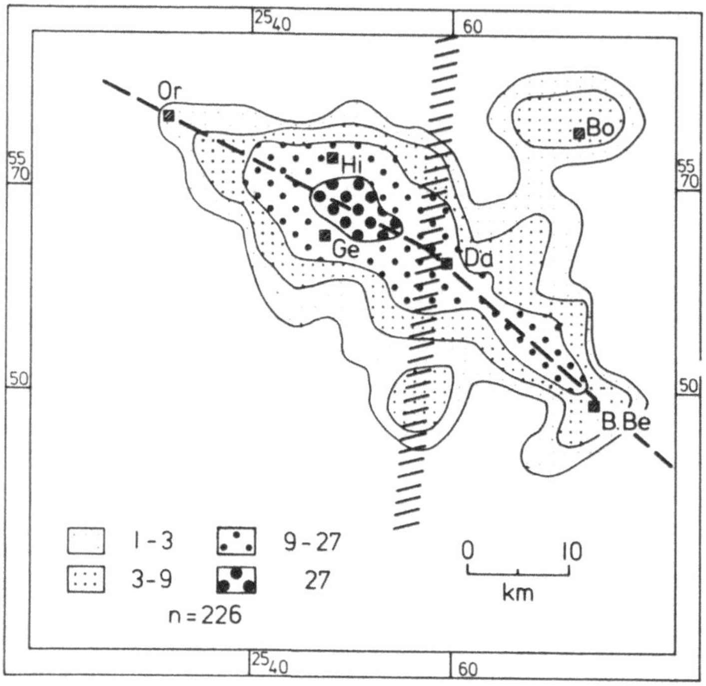

Fig. 8: Häufigkeitszunahme von Eruptionszentren zum Zentrum des Vulkanfelds der Westeifel (Anzahl je Quadrant der Tk 25-Karte). Schraffierter Bereich: Ostgrenze der Eifeler Nord-Südzone. Aus MERTES (1982).

reicht und die subalkalischen (tholeiitischen) Magmen – die etwa 20 bis 30% Aufschmelzung repräsentieren – vielleicht langsamer aufsteigen, während die in größerer Tiefe entstandenen alkalischen Magmen zunächst ein gewisses Volumen erreicht haben müssen, um aufsteigen zu können, dann aber – vielleicht verstärkt durch ihre niedrige Viskosität [45] und die mit fallendem Druck rasch abnehmende Kompressibilität [46] – sehr schnell (s. jedoch [47]), so daß sie beim Aufstieg Bruchstücke von den Wänden der Aufstiegswege mitnehmen können.

Jedenfalls stellen die aus der Magmenchemie und Peridotitxenolith-Mineralogie abgeleiteten Tiefenangaben über die Entstehung alkalischer Basaltmagmen (ca. 60–100 km Tiefe) nicht die Tiefe der eigentlichen Wurzeln dar, sondern vielleicht nur das Aufstiegsniveau *(detachment level)*, in dem sich die Magmen sammeln und bei genügend Auftrieb etwa durch *magma fracturing* [48], d. h. die Schaffung spaltenartiger Aufstiegswege erst einen Weg in höhere Stockwerke schaffen.

Da die teleseismisch nachgewiesenen anomalen Tiefenzonen, die hier vereinfacht als Schmelzanomalien bezeichnet werden, einen größeren Durchmesser haben als die Vulkanfelder an der Oberfläche, stellt sich die Frage, ob Vulkan-

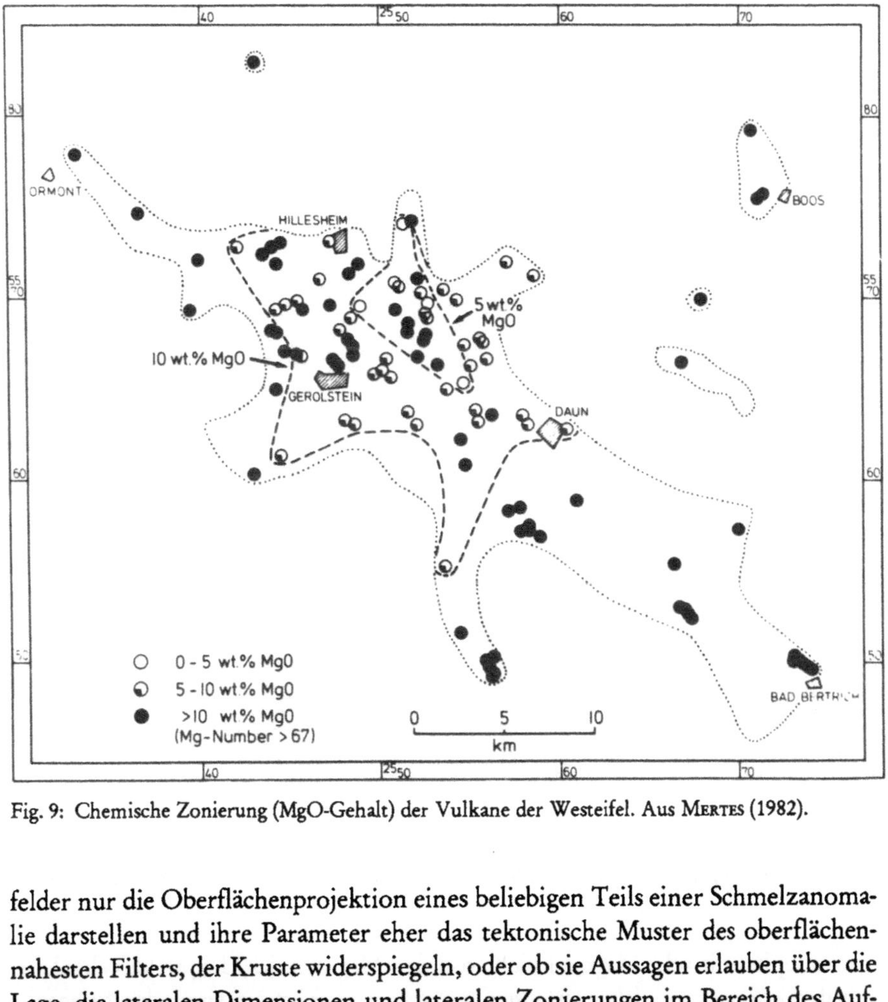

Fig. 9: Chemische Zonierung (MgO-Gehalt) der Vulkane der Westeifel. Aus Mertes (1982).

felder nur die Oberflächenprojektion eines beliebigen Teils einer Schmelzanomalie darstellen und ihre Parameter eher das tektonische Muster des oberflächennahesten Filters, der Kruste widerspiegeln, oder ob sie Aussagen erlauben über die Lage, die lateralen Dimensionen und lateralen Zonierungen im Bereich des Aufstiegsniveaus im Mantel.

Allein die Tatsache, daß viele Intraplattenvulkanfelder auf der Erde vom Typ Eifel Dimensionen zwischen ca. 30 und 100 km haben, weist auf eine Abhängigkeit von den Dimensionen der Schmelzanomalien hin. Quantitative Untersuchungen des Vulkanfeldes in der Westeifel [19] zeigen eine Zonierung zum Zentrum hin mit (a) Zunahme der Vulkandichte, z. T. ihrer Größe; (b) Abnahme des MgO-Gehaltes und (c) Vorherrschen von gestreßten im Randbereich und von rekristallisierten Peridotitxenolithen im östlichen Zentralteil, (s. auch [29]) (Fig. 8–10). Im Südwesten der Westeifel hat sich, wie oben diskutiert, in der jüngsten Vergangenheit ein zweites, kleineres Feld entwickelt, dessen basanitische und

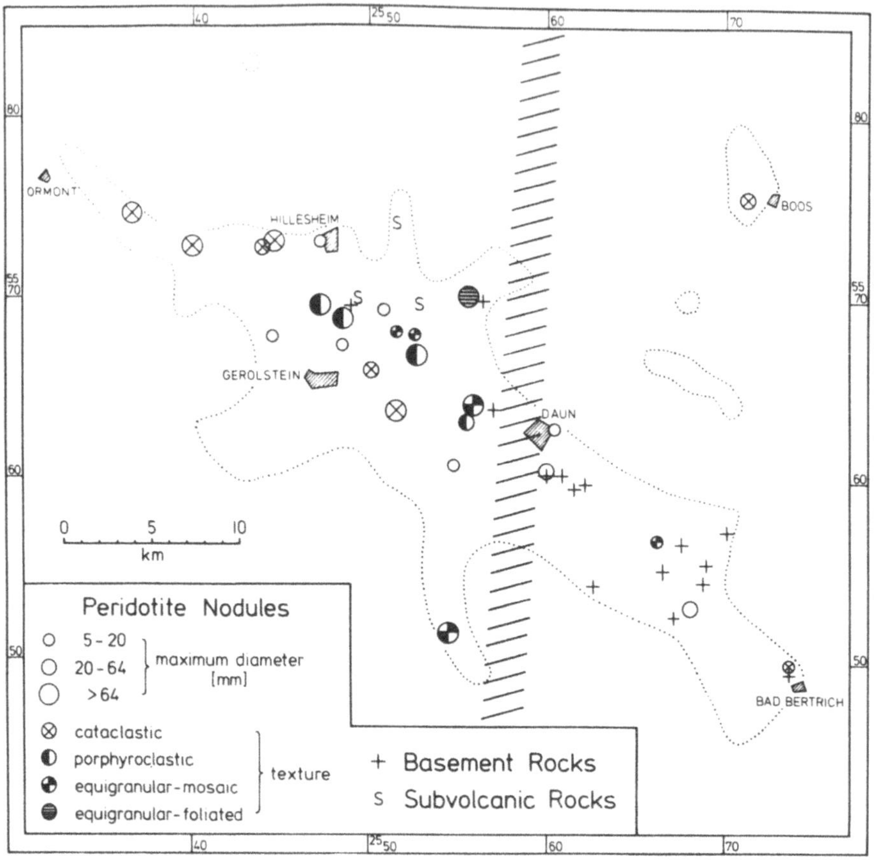

Fig. 10: Verteilung von Peridotitxenolithen gleicher Beanspruchung im Vulkanfeld der Westeifel. Aus Mertes (1982).

olivinnephelinitische Magmen nicht von den Magmen des Hauptfeldes abgeleitet werden können und daher aus einem separaten, möglicherweise höher gelegenen Mantelreservoir stammen.

Das heutige Spannungsfeld der Lithosphäre im Gebiet der Eifel ist tensional mit einer SW-NE-gerichteten Zugspannung [49]. Die meisten Vulkanrichtungen (Fördergänge, Vulkanketten), die Orientierung des Gesamtfeldes und die NW-SE-verlaufende Zonierung von unterschiedlich gestreßten Peridotitxenolithen lassen darauf schließen, daß Magma vom Hauptaufstiegsniveau aus entlang eines Systems von NW-SE-orientierten Spalten nach oben steigt. Die Zunahme der eruptierten Magmamenge zum Zentrum des Vulkanfeldes muß eine höhere Magmenproduktion oder Ansammlung im Zentrum des Ablösungsniveaus widerspiegeln. Ob auch die Abnahme des MgO-Gehaltes, anders ausgedrückt: die Zunahme der

Fraktionierung, zum Zentrum des Vulkanfeldes schon im Ablösungsniveau angelegt ist oder erst in den vermuteten Magmareservoirs an der Basis der Kruste, muß offen bleiben. Jedenfalls kommen primitive Mantelmagmen insbesondere dann nur sehr selten an die Erdoberfläche, wenn mit größeren Magmareservoirs in der Tiefe zu rechnen ist, in denen sich die primitiven mit schon abgekühlten und fraktionierten Magmen mischen können.

3.6 *Differentiation*

Die an der Oberfläche eruptierten Magmen haben sich auf ihrem Weg vom Aufschmelzbereich zur Oberfläche durch Kristallisation von Mineralphasen bei der Abkühlung und damit Entzug von Elementen mit hohen Mineral/Schmelze-Verteilungskoeffizienten z. T. drastisch verändert. Dieser Prozeß kann sich in verschiedenen Stagnationsniveaus mehrfach wiederholen und nicht nur durch Prozesse wie fraktionierte Kristallisation, sondern auch Diffusion in Schmelzen und Reaktion mit dem Nebengestein noch weiter komplizieren. Insbesondere in großen Magmareservoiren, in denen sich hochdifferenzierte Derivatmagmen entwickeln, ist das Magmavolumen vermutlich nicht in einem Akt etwa in die Oberkruste aufgestiegen. Vielmehr wird der Basis einer differenzierenden Magmasäule vermutlich episodisch heißes mafisches, primitives Magma zugeführt, dadurch der Differentiationsprozeß wesentlich verlängert und so die Bildung extremer Derivatmagmen erst ermöglicht. Daß Magmakammern nicht nur Modellvorstellungen sind, sondern real existieren, ist vor allem in Hawaii eindrucksvoll nachgewiesen worden (Fig. 11) [50].

In der Eifel lassen sich z. B. anhand von MgO-Variationsdiagrammen (Fig. 5) sehr vereinfacht drei Stadien in der Magmenentwicklung unterscheiden: (I) von ca. 16% bis ca. 10% MgO; (II) von 10% bis ca. 4%; (III) von 2% bis 0,2%. Stadium I (primitive und primäre Magmen) ist gekennzeichnet durch drastische Abnahme von Mg, Cr und Ni und wenig Änderung oder leichte Zunahme bei anderen Elementen. Vor allem Olivin, bzw. bei hohen Drucken Enstatit, und Cr-Spinell-Fraktionierung können diese Abnahme erklären, im Einzelfall ergänzt durch geringe Mengen von Klinopyroxen und Phlogopit. Möglicherweise sind diese Fraktionierungsprozesse auf den subkrustalen Hochdruckbereich beschränkt. Etwa die Hälfte der Westeifel – aber nur etwa 10% der Osteifelvulkanite – repräsentieren dieses Stadium. Chemische Unterschiede zwischen Vulkanen dieser primitiven Zusammensetzung sind dabei zweifellos auch von unterschiedlichen Mantelzusammensetzungen und Aufschmelzbedingungen bestimmt. Stadium II (intermediäre Magmen) ist vor allem durch eine Abnahme von Mg und Ca, neben weiterer Abnahmen von Cr und Ni charakterisiert, bedingt vor allem durch Klinopyroxenfraktionierung. Ab etwa 5–6% MgO, nehmen Fe, Ti und P ab, bedingt

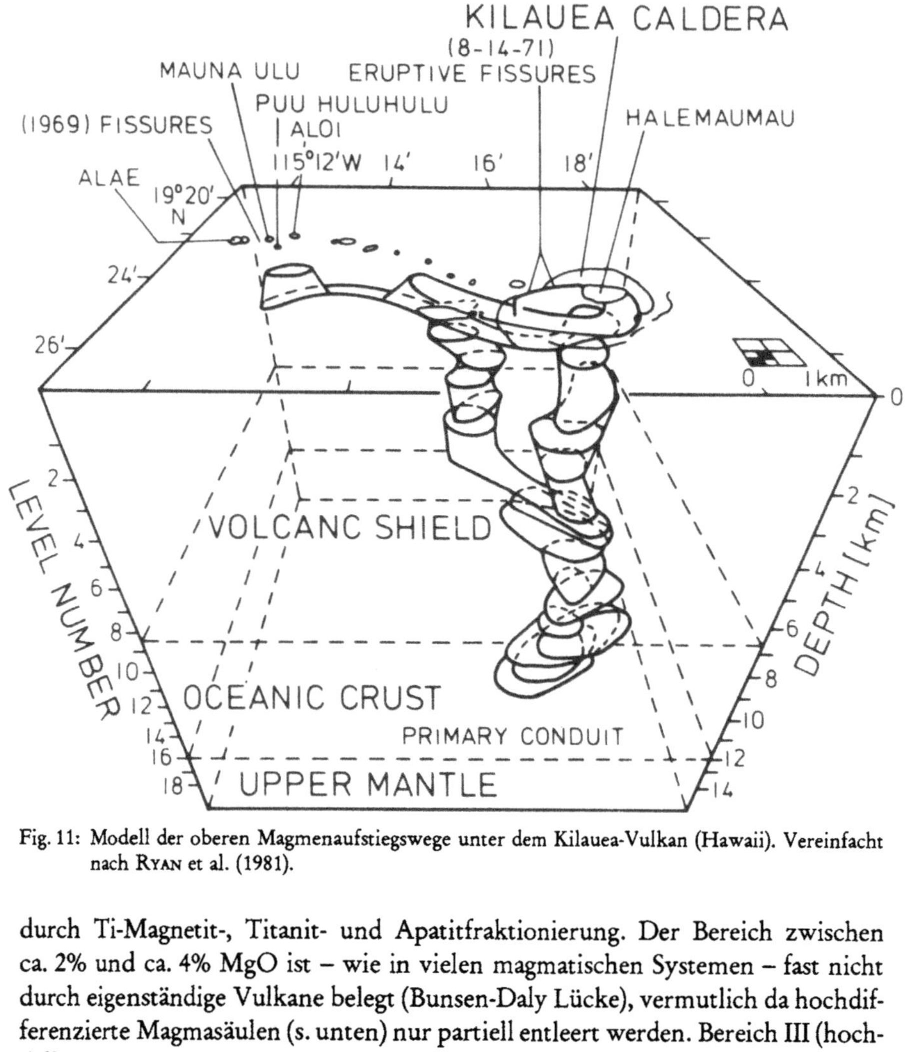

Fig. 11: Modell der oberen Magmenaufstiegswege unter dem Kilauea-Vulkan (Hawaii). Vereinfacht nach Ryan et al. (1981).

durch Ti-Magnetit-, Titanit- und Apatitfraktionierung. Der Bereich zwischen ca. 2% und ca. 4% MgO ist – wie in vielen magmatischen Systemen – fast nicht durch eigenständige Vulkane belegt (Bunsen-Daly Lücke), vermutlich da hochdifferenzierte Magmasäulen (s. unten) nur partiell entleert werden. Bereich III (hochdifferenzierte Magmen, in Fig. 5 nicht dargestellt) zeigt eine weitere Abnahme von Mg, Ca, Ti, P, Fe und entsprechender Spurenelemente und Anreicherung von Si, Al, K, Na und den Spurenelementen Zr, Rb, Ba, Nb, U, Th usw. Bei ganz extremer Differentiation reichern sich nur noch Elemente wie Na, U, Th an.

Um diese äußerst komplizierten Differentiationsprozesse auch nur ansatzweise analysieren zu können, genügt es nicht mehr, Vulkane durch Einzelproben zu charakterisieren. Die Frage nach der Veränderung der mineralogisch/chemischen Zusammensetzung der innerhalb von Tagen bis Wochen ausgeworfenen und ausgeflossenen Laven eines Vulkans muß zunächst durch eine umfassende, insbeson-

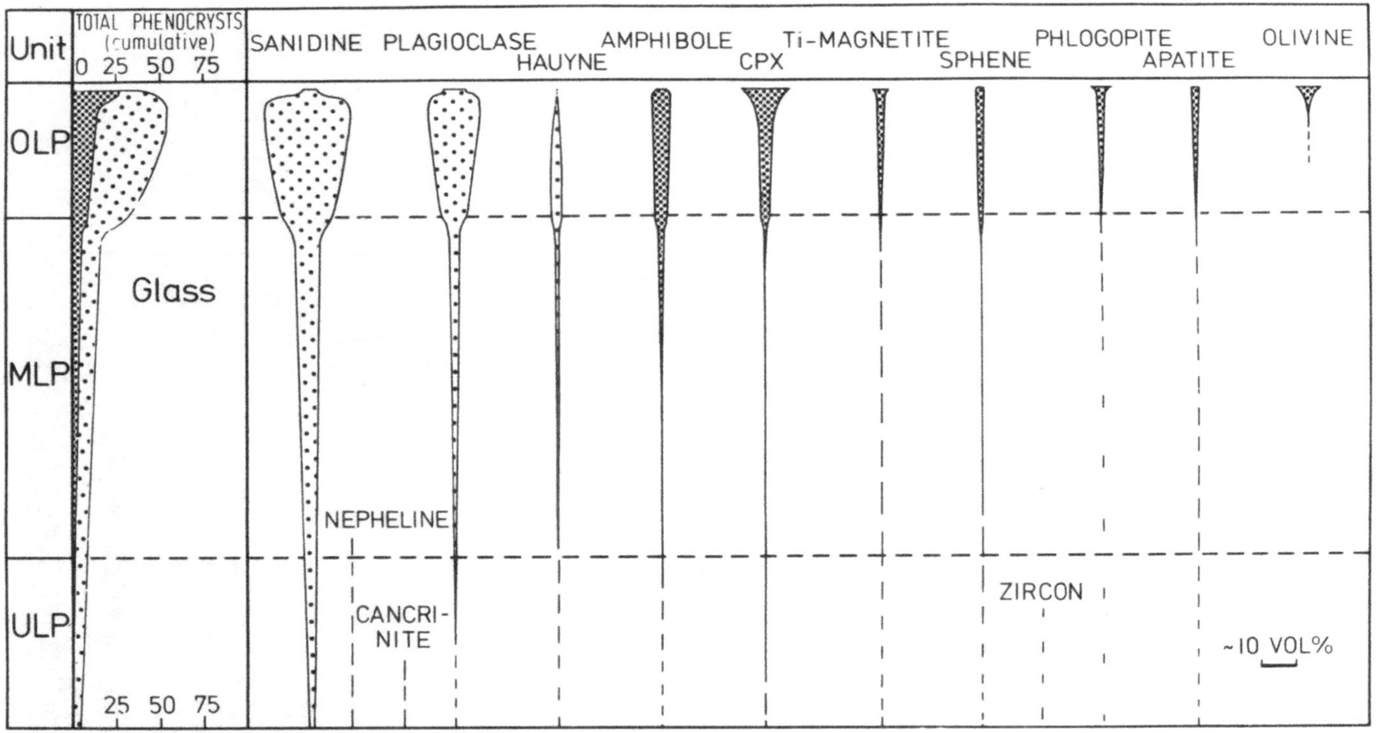

Fig. 12: Stratigraphische Abfolge der Einsprenglingsmineralphasen in den Bimsablagerungen des Laacher See-Vulkans. Zahl und Volumen der Einsprenglinge nehmen nach oben in der Ablagerung (nach unten in der Magmasäule) zu. OLP, MLP, ULP = obere, mittlere, untere Laacher Pyroklastika. Can = Cancrinit. Aus Wörner (1982).

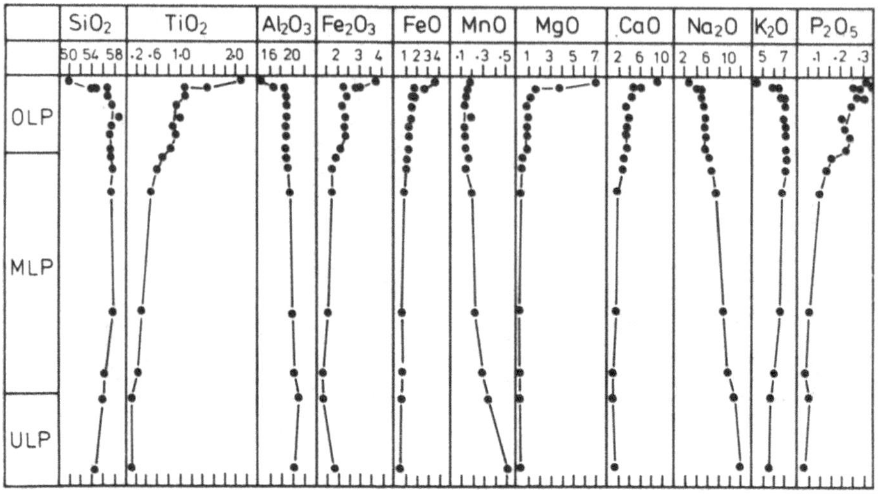

Fig. 13: Chemische Zonierung der Bimsablagerungen des Laacher See-Vulkans (Hauptelemente) im volumennormierten stratigrafischen Profil. Außer Na und Mn nehmen die Oxide nach oben in der Ablagerung zu (nach unten in der Magmakammer). Aus WÖRNER (1982).

Fig. 14: Modell der möglichen Differentiationsprozesse im geschichteten, konvektierenden phonolithischen Oberteil der Laacher See-Magmakammer mit akkumulierten Kristallen im Unterteil. Aus WÖRNER (1982).

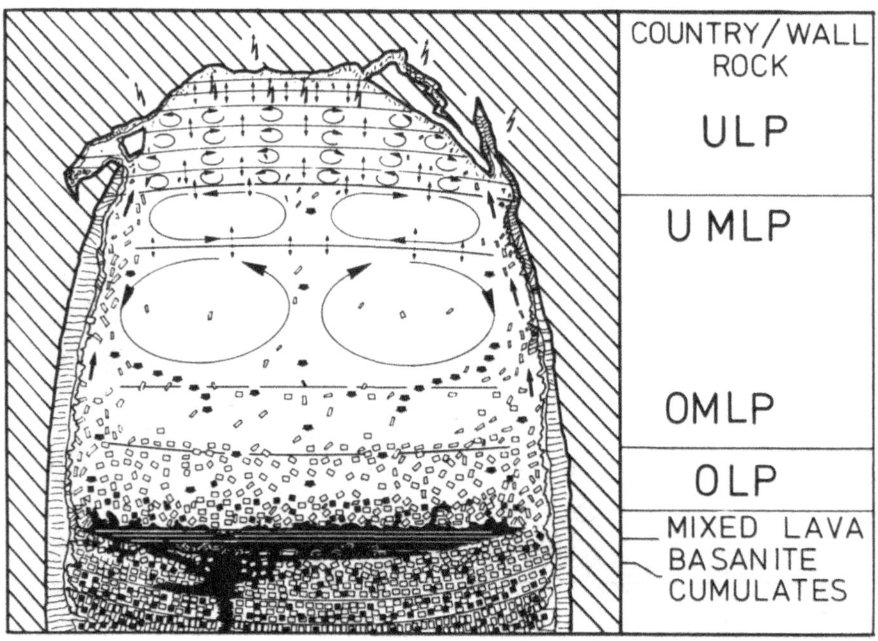

dere stratigrafische Geländeanalyse von Vulkanen untersucht werden, eine Aufgabe, die in der Eifel durch die Existenz zahlreicher großer Steinbrüche wesentlich erleichtert wird. Das überraschende Ergebnis: Detailliert beprobte, große Schlakkenkegel zeigen eine systematische Abfolge, die mit stärker differenzierten, intermediären, kristallarmen Magmen – oft sogenannten Tephriten – beginnt und mit primitiven Magmen endet, die an großen und Mg, Ca, Cr, Ni-reichen Phasen (Olivin, Spinell, Klinopyroxen) angereichert sind (Tafel III a) [17]. Offensichtlich haben sich in der Tiefe mineralogisch/chemisch-zonierte Magmasäulen entwikkelt, die im Verlauf des Wachstums eines Vulkans in erstaunlich geordneter Weise sukzessiv von oben nach unten partiell entleert werden.

Auch rein rechnerisch lassen sich die höher differenzierten Magmen sehr gut durch fraktionierte Kristallisation von den zum Schluß eruptierten Ausgangsmagmen ableiten. Das eindrucksvollste Beispiel in der Eifel für eine nicht nur chemisch/mineralogisch-zonierte, sondern auch geschichtete Magmasäule läßt sich aus den vor ca. 11000 Jahren eruptierten Bims- und Aschenablagerungen des Laacher See-Vulkans rekonstruieren (Fig. 12–14) [51]. Die zu Beginn der vermutlich nur wenige Tage bis Wochen währenden Haupteruption geförderten extrem differenzierten Phonolithmagmen haben sich allerdings nicht nur durch Kristallfraktionierung, sondern auch durch Diffusionsprozesse aus den unterlagernden mafischeren Magmen entwickelt. Aus der Einbeziehung der Volumina der einzelnen Teilmagmen einer zonierten Magmasäule ergibt sich, daß ein großer Teil der Ausgangsmagmen und Kristallakkumulate in der Tiefe verblieben ist. Für den Laacher See-Vulkan zum Beispiel, dessen bis nach Mittelschweden und Norditalien nachweisbare Aschen ein eruptiertes Magmavolumen von mindestens 5 km^3 darstellen [52], müssen etwa 50 km^3 Ausgangsmaterial noch in der Tiefe stecken [51].

Die Tiefe, in der sich die zonierten Magmasäulen entwickeln, läßt sich für hochgelegene Magmakammern relativ gut einengen. Die hochdifferenzierten Magmakammern der Eifel haben sich ausweislich ihrer Nebengesteinsfragmente und druckabhängiger Mineralgleichgewichte oberhalb von 10 km in der Erdkruste entwickelt [53]. Größere Tiefen können weder von der Art des Nebengesteins präzisiert werden, da der Krustenaufbau unterhalb ca. 5 km nahezu unbekannt ist, druckabhängige Mineralgleichgewichte angesichts starker Mineralzonierung, Magmenmischung oder fehlender Indikatoren meist nicht angewendet werden können und auch seismische oder andere geophysikalische Fernerkundungsmethoden noch nicht die Auflösung besitzen, um kleinere Magmenkörper in großen Tiefen lokalisieren zu können. Das in Fig. 15 wiedergegebene Schema soll daher nur modellmäßig mögliche Stagnations- und Differentiationsstadien andeuten, wobei in hochgelegenen Kammern differenzierte Magmen mehrere Stadien durchlaufen haben. Fortschritte sind in dieser Frage vor allem durch eine stärkere

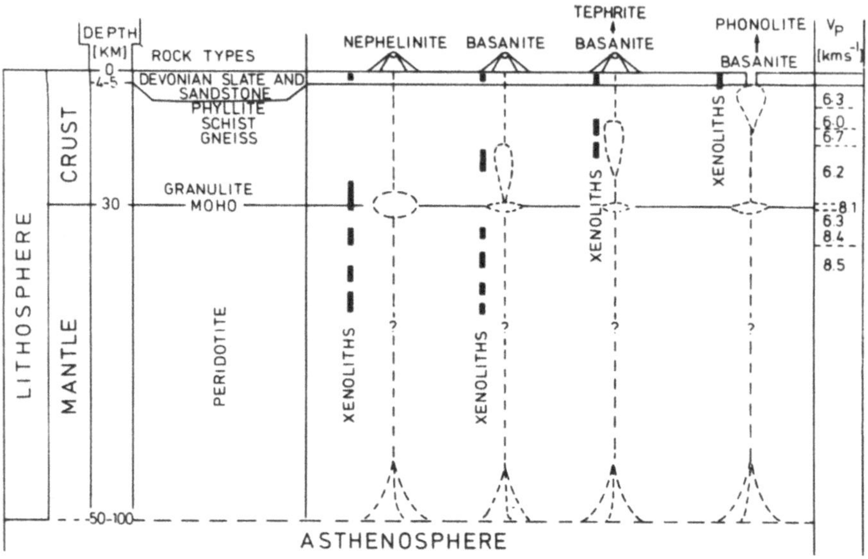

Fig. 15: Modell eines schematischen Querschnitts durch die Lithosphäre unter der Osteifel. Die möglichen Differentiationsstadien (Magmakammern) in verschiedenen Tiefen basieren vor allem auf Unterschieden in der Zusammensetzung der mit den Laven eruptierten Xenolithe. Modifiziert nach SCHMINCKE (1979). Seismische Krustengliederung nach MECHIE et al. (1982).

Integration detaillierter Krustenstrukturanalyse [15], basierend auf sprengseismischen Methoden, elektrischen Tiefensondierungen [54], Herdlokalisierung von Mikrobeben [55] mit der Untersuchung von Krusten- und Mantelxenolithen und ihrem Auftreten in bestimmten Entwicklungsstadien von Vulkanen zu erwarten.

3.7 Eruption

Wenn es zutrifft, daß die meisten von der Ablösungszone oberhalb der Schmelzanomalie aufgestiegenen Magmen nicht an die Erdoberfläche steigen, stellt sich die Frage, warum an bestimmten Stellen der Erde überhaupt Magma eruptiert.

Nach traditioneller Auffassung ist neben dem durch den Dichtekontrast zwischen Magma und Nebengestein bedingten Auftrieb die Bildung einer freien Gasphase (H_2O, CO_2 usw.) aus der beim Aufstieg zunehmend druckentlasteten Schmelze in den obersten Hunderten von Metern bzw. wenigen Kilometern unter der Erdoberfläche bzw. durch umfangreiche Kristallisation OH^--freier Mineralphasen in der Restschmelze konzentrierter Gase der eigentliche Motor für explosive Eruptionen, der die Dichte einer Schmelze weiter erniedrigt, damit den Auftrieb erhöht und auf diese Weise insbesondere die große Energie hochexplosiver

Eruptionen bestimmt. In der Eifel z.B. gelten die berühmten Maare als klassisches Beispiel für Gaseruptionen eines CO_2-reichen alkalischen Besaltmagmas [18].

Eine genauere Analyse der Lockerprodukte, die mehr als 90% aller ca. 300 quartären Eifelvulkane ausmachen, hat indessen gezeigt, daß die gut geschichteten, nebengesteinsreichen Tuffe, die in Maaren und Tuffringen dominieren, aber auch in Schlackenkegeln und in Bimsablagerungen wie denen des Laacher See-Vulkans nicht selten sind, aus wasserdampfreichen, kühlen, sich horizontal vom Eruptionszentrum fortbewegenden Transportsystemen abgelagert wurden (Tafel IIIb, IV a) [56–59]. Die vulkanischen Partikel in diesen Tuffen sind meist glasig abgeschreckt, eckig und wenig blasig. Statt durch Expansion magmatischer Gase sind diese Eruptionen daher vermutlich durch plötzliche Verdampfung von externem Wasser (z. B. Grundwasser) entstanden, das durch die aufsteigende Magmasäule erhitzt wurde. Durch die rapide Volumenvermehrung um das Mehrhundertfache entsteht ein gewaltiger Überdruck, der eine explosive Zertrümmerung des Nebengesteins bewirken kann. Derartige, im Unterschied zu den rein magmatischen auch phreatomagmatisch genannte Dampfexplosionen waren nicht nur in Eifelvulkanen häufig. Sie scheinen auch die Anfangsstadien vieler großer historischer Eruptionen zu charakterisieren und deren nachfolgende, durch Expansion magmatischer Gase angetriebene Eruptionen auszulösen und, da sie einen wirksamen Mechanismus zur plötzlichen Druckentlastung darstellen, vielleicht sogar zu ermöglichen. In der Tat scheint die katastrophale Anfangsphase der in Intervallen noch heute andauernden Mt. St. Helens-Eruption vom 18. Mai 1980 eine derartige Dampfexplosion gewesen zu sein [60].

Die Häufigkeit von Peridotit- und Krustenxenolithen in klastischen Vulkanablagerungen wird oft damit begründet, daß schon in großer Tiefe Gas-Festkörpergemische entstehen, insbesondere als Resultat der Entmischung von CO_2 als freier Gasphase [61, 62]. Wenn allerdings Dampfexplosionen für die Maare und ihre Ablagerungen verantwortlich sind, ist dieses Argument nicht stichhaltig und die in der Tat zu beobachtende Häufigkeit von Xenolithen in klastischen, phreatomagmatischen Ablagerungen muß einen anderen Grund haben. Eine plausible Alternative ist die, daß Xenolithe in Magmen, die phreatomagmatisch eruptiert wurden, keine Zeit hatten abzusinken, da diese Eruptionen sehr rasch und mit großer Energie erfolgten [57]. Maare z. B. haben im Vergleich zu benachbarten Schlackenkegeln auch ein besonders großes Magmavolumen gefördert [19]. Mit anderen Worten: Die vermutete höhere Aufstiegsgeschwindigkeit von alkalischen Magmen – sei sie bedingt durch ihren hohen Auftrieb, da sie aus großen Tiefen kommen, niedrige Viskosität oder hohen Gehalt an flüchtigen Bestandteilen – oder eine Kombination dieser Faktoren verstärkt nicht nur die Wahrscheinlichkeit hoher Xenolithführung, sondern auch der von phreatomagmatischen Eruptionsprozessen [57]. Xenolithansammlungen müßten sich demzufolge im Unterbau von ausschließlich oder überwiegend magmatisch eruptierten Vulkanen ähnlicher Zusammensetzung finden. In den quartären Vulkanfeldern der Eifel sind diese Niveaus noch nicht aufgeschlossen. Jedoch sind Peridotit-Xenolith-Anreicherungen in den Lavaschlotfüllungen der älteren miozänen Vulkane des Westerwaldes, des Vogelsberges und anderer Vulkangebiete, in denen der Oberbau von Vulkanen erodiert ist, häufig (Tafel Ib).

Neben dem Problem der Eruptionsmechanismen ist die Frage nach dem gegenwärtigen Zustand der Vulkanfelder der Eifel aus verständlichen Gründen immer von großem Interesse gewesen, insbesondere für Nichtfachleute. Mit anderen Worten, ist die vulkanische Tätigkeit beendet oder sind in Zukunft weitere Eruptionen zu erwarten? Es ist früher argumentiert worden, daß die vulkanische Tätigkeit in der Eifel ausklingt, erstens da die Maare sehr jung und durch Eruption magmatischer Gase, insbesondere CO_2, entstanden sein sollen und außerdem CO_2-Häufigkeit als Endstadium der vulkanischen Tätigkeit interpretiert wurde [18]. Wenn, wie oben diskutiert, Maarbildung vor allem durch exogene Faktoren bestimmt ist, sollte eine Zeitabhängigkeit nicht existieren. In der Tat zeigen systematische Untersuchungen nicht nur, daß viele Maare älter sind als bisher angenommen [63], sondern auch, daß Maare während der ganzen ca. 0.6–0.7 währenden Tätigkeit des Vulkanfeldes der Westeifel gebildet wurden [64]. Die besonders im Laacher See eindrucksvoll zu beobachtende CO_2-Emission (Tafel IVb) ist nicht nur für aktive Vulkanfelder, sondern auch für kontinentale Riftzonen typisch und hängt vermutlich mit der Entgasung von Magmakammern bzw. „aktiven" Mantelbereichen unter diesen Gebieten zusammen, da CO_2 wegen seines hohen Partialdruckes auch schon bei größeren Tiefen eine freie Gasphase bilden kann. Jedoch ist CO_2-Entgasung kein Anzeichen für eine erlöschende Vulkantätigkeit. Eine Abschätzung der Altersverteilung der Vulkantätigkeit in der Westeifel deutet vielmehr an, daß die Eruptionshäufigkeit zugenommen zu haben scheint [64]. Statistisch gesehen betragen die Zeitintervalle zwischen Eruptionen mehrere tausend Jahre. Allerdings kann man aus der Tatsache, daß die jüngsten Eruptionen (Ulmener Maar ca. 7000 a, [63]) schon eine zeitlang zurückliegen, nicht auf unmittelbar bevorstehende Eruptionen schließen. Zur Zeit spricht nichts für weitere Eruptionen in absehbarer Zukunft – aber auch nichts dagegen. Langfristige Eruptionsvorhersage ist – ähnlich wie die von Erdbeben – nach dem gegenwärtigen Wissensstand nur dann sinnvoll, wenn Eruptionen in regelmäßigen Intervallen auftreten. Die Zahl und Qualität der vorliegenden Altersdaten reicht jedoch nicht aus, um die Frage nach einer Periodizität von Eruptionen in der Eifel beantworten zu können. Angesichts der seit ca. 0,7 Ma bis in die jüngste geologische Vergangenheit währenden Vulkantätigkeit in der Eifel kann dagegen davon ausgegangen werden, daß der Wurzelbereich der Eifelvulkane – und damit der Hauptteil des Magma-Vulkansystems – keineswegs erloschen ist.

4. *Ausblick*

Die Wurzeln der Vulkane erweisen sich als ein komplexes System, das bis in Tiefen von über 100 Kilometern unter die Erdoberfläche hinabreicht. Konvektiver Aufstieg vom Mantelgestein führt vermutlich zur ersten partiellen selektiven Aufschmelzung entlang Korngrenzen in großen Tiefen. Jedoch scheint der eigentliche Magmenaufstieg erst in einer viel flacheren Ablösungszone zu beginnen, dann aber vermutlich rasch. Bei den meisten Mantelmagmen reicht der Auftrieb trotz der Dekompression beim Aufstieg nicht aus, um das Magma bis direkt an die Oberfläche zu befördern. Jedoch können sich oberhalb von Zonen hoher und lokal konzentrierter Magmenproduktion großvolumige Magmasäulen in verschiedenen Krustenniveaus ansammeln, die bei langsamer Abkühlung vor allem durch Kristallfraktionierung in ein Spektrum chemisch sehr unterschiedlicher Derivatmagmen differenzieren können, wobei die geringere Dichte der hochdifferenzierten Magmen einen weiteren Aufstieg begünstigt. Auch von diesen Magmensäulen werden oft nur die obersten Schichten eruptiert, sei es durch Anwachsen der Partialdrucke der magmatischen Gase, sei es durch Dampfexplosionen, wenn der Kontakt des heißen Magmas mit externem Grund- oder Oberflächenwasser besonders explosive Eruptionen auslöst. Die meisten Oberflächenvulkane, die nur einen Bruchteil der in ihrer Wurzelzone entstandenen Magmen repräsentieren, werden im Laufe der Erdgeschichte erodiert; ihr Material wird wieder dem Kreislauf der marinen Sedimente zugeführt. Erdkruste wächst also durch magmatische Vorgänge vor allem von unten durch „underplating" der gerade bis zur Krustenbasis aufgestiegenen Magmen, und von innen durch innerhalb der Kruste steckengebliebene und auskristallisierte Magmasäulen sowie durch „magmatische Umschichtung", wenn im Umkreis von großen Basaltmagmakammern Kruste partiell aufgeschmolzen wird und diese anatektischen Magmen in höhere Krustenstockwerke steigen. Die winzigen Oberflächenvulkane jedoch, um an das Anfangsmotto anzuknüpfen, sind mehr als der spektakuläre Ausdruck der andauernden Erddynamik unserer „gegenwärtigen unbegreiflichen Welt". Sie helfen uns, die Entstehung und Entwicklung der „vergangenen unbekannten" Welt zu begreifen.

Literatur

Motto: Goethe, J. W. (1965), Vermischte Schriften. Sprüche. Ges. Werke, Hrsg. E. Steiger 6: 471, Insel Verlag

[1] Vitaliano, D. (1973), Legends of the earth. Indiana University Press, Bloomington-London: 1–305

[2] Hennig, R. (1939), Altgriechische Sagengestalten als Personifikation von Erdfeuern und vulkanischen Vorgängen. Dtsch. Arch. Inst. Jhb. 54: 230–246

[3] Kerényi, K. (1951), Die Mythologie der Griechen. Rhein Verlag Zürich: 1–312

[4] Schmidt-Clausing, F. (1958), Fegefeuer. In: Religion in Geschichte und Gegenwart, 3. Aufl., 891, J. C. B. Mohr, Tübingen

[5] Fenton, C. L., Fenton MA (1952), Giants of Geology. Doubleday, New York: 1–333

[6] Wegener, A. (1912), Die Entstehung der Kontinente. Geol. Rdsch. 3: 276–292

[7] Nakamura, K. (1974), Preliminary estimate of global volcanic production rate. In Colp, J. S. (Hrsg.). The utilization of volcano energy. Sandia Laboratories New Mexico: 272–285

[8] Fujii, N. (1975), Material and energy production from volcanoes. Jap. J. Volc. 20: 197–204

[9] Gill, J. (1981), Orogenic andesites and plate tectonics. Springer Verlag, Heidelberg: 1–390

[10] Thorpe, R. S. (Hrsg.) (1982), Andesites: Orogenic andesites and related rocks. J. Wiley & Sons, New York: 1–724

[11] Horn, P., Lippolt, H. J., Todt, W. (1972), Kalium-Argon-Altersbestimmungen an tertiären Vulkaniten des Oberrheingrabens. I. Gesamtgesteinsalter. Eclog. geol. Helv. 65: 131–156

[12] Todt, W., Lippolt, H. J. (1980), K-Ar age determinations on Tertiary volcanic rocks: V. Siebengebirge, Siebengebirge-Graben. J. Geophys. 48: 18–27

[13] Schmincke, H. U. (in Vorb.), Temporal evolution of volcanism in the East Eifel

[14] Panza, G. F., Mueller, St., Calcagnile, G. (1980), The gross features of the lithosphere-asthenosphere system in Europe from seismic surface waves and body waves. Pure and Applied Geophysics, *118*, 1209–1213. Müller, St. und Lowrie, W. (1980), Die geodynamische Entwicklung des westlichen Mittelmeerraums und der Alpen. Vermessung, Photogr., Kulturtechnik *78*, 470–495

[15] Mechie, J., Prodehl, C., Fuchs, K., Kaminski, W., Flick, J., Hirn, A., Ansorge, J., King, R. (1982), Progress report on Rhenish massif seismic experiment. Tectonophysics (im Druck)

[16] Schmincke, H. U. (1979), The Late Quaternary Eifel Volcanic Fields. In Illies, H. et al.: The Quaternary uplift of the Rhenish shield in Germany. Tectonophysics 61: 203–211

[17] Duda, A., Schmincke, H. U. (1978), Quaternary basanites, melilite nephelinites and tephrites from the Laacher See area (Germany). N. Jb. Miner. Abh. 132: 1–33

[18] Frechen, J. (1976), Siebengebirge am Rhein, Laacher Vulkangebiet, Maargebiet der Westeifel. Bornträger, Stuttgart, 3. Aufl.: 1–209

[19] Mertes, H. (1982), Aufbau und Genese des Westeifeler Vulkanfeldes. Dissertation. Ruhr-Universität Bochum: 1–415

[20] Sun, S. S., Hanson, G. N. (1975), Origin of Ross Island basanitoids and limitations upon the heterogeneity of mantle sources for alkali basalts and nephelinites. Contrib. Mineral Petrol 52: 77–106

[21] Frey, F. A., Green, D. H., Roy, S. D. (1978), Integrated models of basalt petrogenesis: a study of quartz-tholeiites to olivine melilitites from Southern Eastern Australia. J. Petrol 19: 463–513

[22] Brey, G. (1978), Origin of olivine melilitites: Chemical and experimental constraints. J. Volcanol Geotherm. Res. 3: 61–88

[23] Wyllie, P. J. (1979), Magmas and volatile components. Am Mineral 64: 469–500

[24] Zindler, A. (1980), Geochemical processes in the earth's mantle and crust-mantle interactions: evidence from studies of Nd und Sr isotopic ratios in mantle-derived igneous rocks and lherzolite nodules. Dissertation. MIT Cambridge, Mass.: 1–238

[25] Kramers, J. D., Betton, P.J., Cliff, R. A., Seck, H. A., und Sachtleben, Th. (1981), Sr and Nd isotopic variations in volcanic rocks from the West Eifel and their significance. Fortschr. Min. Bh., 59, 246–247

[26] Frey, F. A., Haskin, L. A., Haskin, M. A. (1971), Rare earth abundances in some ultramafic rocks. J. Geophys. Res. 76: 1184–1196

[27] Stosch, H. G., Seck, H. A. (1980), Geochemistry and mineralogy of two spinel peridotite suites from Dreiser Weiher, West Germany. Geochim. Cosmochim. Acta 44: 457–470

[28] Stosch, H. G., Carlson, R. W., Lugmair, G. M. (1980), Episodic mantle differentiation: Nd and Sr isotopic evidence. Earth Planet. Sci. Lett. 47: 263–271

[29] Sachtleben, T. (1980), Petrologie ultrabasischer Auswürflinge aus der Westeifel. Dissertation. Universität Köln: 1–160

[30] Lloyd, F. E., Bailey, D. K. (1975), Light element metasomatism of the continental mantle: The evidence and the consequences. In: Ahrens, T., Dawson, J. B., Duncan, R., Erlank, T., (Hrsg.), Physics and Chemistry of the Earth. Pergamon Press: 389–416

[31] Raikes, S. (1980), Teleseismic evidence for velocity heterogeneity beneath the Rhenish Massif. J. Geophys. 48: 80–83

[32] Iyer, H. M. (1975), Anomolous delays of teleseismic P-waves in Yellowstone National Park. Nature 253: 425–427

[33] Iyer, H. M. (1979), Deep structure under Yellowstone National Park, USA: A continental „hot spot". Tectonophysics 56: 165–197

[34] Wilson, J. T. (1963), Evidence from islands on the spreading of ocean floors. Nature 197: 536–538

[35] Morgan, W. J. (1971), Convection plumes in the lower mantle. Nature 230: 136–138

[36] Duncan, R. A., Petersen, N., Hargraves, R. B. (1972), Mantle plumes, movement of the European plate, and polar wandering. Nature 239: 82–86

[37] Morgan, W. J. (1978), Pers. Mitt.

[38] Cantarel, P., Lippolt, H. J. (1977), Alter und Abfolge des Vulkanismus der Hocheifel. N. Jb. Geol. Paläont. Mh. 1977: 600–612

[39] Schmincke, H. U. (1981), Volcanic activity away from plate margins. In: Smith, D. G. (Hrsg.): The Cambridge Encyclopaedia of Earth Sciences. Cambridge Univ. Press (London): 201–209

[40] Cloos, H. (1939), Hebung, Spaltung, Vulkanismus. Geol. Rdsch. 32: 705–800

[41] Bailey, D. K. (1972), Uplift, rifting and magmatism in continental plates. J. Earth Sci. Leeds 8: 225–239

[42] Turcotte, D. L., Oxburgh, E. R. (1978), Intra-plate volcanism. Phil. Trans. R. Soc. Lond. A 288: 561–579

[43] Neugebauer, H. J. (1981), Zur Entstehung und Entwicklung von kontinentalen Riftsystemen. Geol. Rdsch. 70: 231–243

[44] Illies, J. H. (1974), Intra-Plattentektonik in Mitteleuropa und der Rheingraben. Oberrhein. geol. Abh. 23: 1–24

[45] Kushiro, I., Yoder, H. S. jr., Mysen, B. O. (1976), Viscosities of basalt and andesite melts at high pressures. J. Geophys. Res. 81: 6351–6356

[46] Stolper, E., Walker, D., Hager, B. H., Hays, J. F. (1981), Melt segregation from partially molten source regions: the importance of melt density and source region size. J. Geophys. Res. 86: 6261–6271

[47] Sparks, R. S. J., Pinkerton, H., Macdonald, R. (1977), The transport of xenoliths in magmas. Earth Planet. Sci. Lett. 35: 234–238

[48] Baumann, H. (1981), Regional stress field and rifting in western Europe. Tectonophysics 73: 105–111

[49] SHAW, H. R. (1980), The fracture mechanisms of magma transport from the mantle to the surface. In: HARGRAVES, R. B. (Hrsg.). Physics of magmatic processes. Princeton Univ. Press: 201–264
[50] RYAN, M. P., KOYANAGI, R. Y., FISKE, R. S. (1981), Modeling the three-dimensional structure of macroscopic magma transport systems: application to Kilauea Volcano, Hawaii. J. Geophys. Res. 86: 7111–7129
[51] WÖRNER, G. (1982), Geochemisch-mineralogische Entwicklung der Laacher See Magmakammer. Dissertation. Ruhr-Universität Bochum: 1–331
[52] BOGAARD, P. V. D. (in Vorb.), Eruptionsgeschichte des Laacher See Vulkans anhand der in Mitteleuropa verbreiteten Aschen. Dissertation. Ruhr-Universität Bochum
[53] WÖRNER, G., SCHMINCKE, H. U., SCHREYER, W. (1982), Crustal xenoliths from the Quaternary Wehr volcano (East Eifel). N. Jb. Miner. Abh. 29–55
[54] JÖDICKE, H. (1981), DFG Protokoll 5. Kolloqu. Schwerpkt. Vertikalbewegungen Neustadt 1980
[55] AHORNER, L. (1981), DFG Protokoll 5. Kolloqu. Schwerpkt. Vertikalbewegungen Neustadt 1980
[56] SCHMINCKE, H. U., FISHER, R. V., WATERS, A. C. (1973), Antidune and chute- and pool structures in the base surge deposits of Laacher See area, Germany. Sedimentology 20: 553–574
[57] SCHMINCKE, H. U. (1977), Phreatomagmatische Phasen in quartären Vulkanen der Osteifel. Geol. Jb. A. 39: 3–45
[58] LORENZ, V. (1973), On the formation of maars. Bull. Volcanol 37: 183–204
[59] LORENZ, V., BÜCHEL, G. (1980), Zur Vulkanologie der Maare und Schlackenkegel der Westeifel. Mitt. Pollichia 68: 29–100
[60] MOORE, J. G., SISSON, TH. W. (1981), Deposits and effects of the May 18 pyroclastic surge. In: LIPMAN, P. W., MULLINEAUX, D. R. (Hrsg.): The 1980 eruptions of Mt. St. Helens, Washington. U. S. Geol. Surv. Prof. Pap. 1250: 421–438
[61] FREY, F. A., GREEN, D. H. (1974), The mineralogy, geochemistry and origin of lherzolite inclusions in Victorian basanites. Geochim. Cosmochim. Acta 38: 1023–1059
[62] RINGWOOD, A. E. (1975), Composition and petrology of the earth's mantle. McGraw-Hill New York: 1–618
[63] BÜCHEL, G., LORENZ, V. (1982), Zum Alter des Maar-Vulkanismus der Westeifel. N. Jb. Geol. Paläont. Abh. 163: 1–22
[64] MERTES, H. SCHMINCKE, H. U. (1982), Age distribution of volcanoes in the West-Eifel volcanic field (Germany). N. Jb. Geol. Paläont. Abh. (im Druck)

Die Arbeiten an Eifelvulkanen wurden von der Deutschen Forschungsgemeinschaft im Rahmen des Schwerpunktprogramms „Vertikalbewegungen" und vom Bundesministerium für Forschung und Technologie im Rahmen des Energieprogramms finanziell unterstützt. G. BREY und H. MERTES danke ich für die Durchsicht des Manuskripts.

a) Aktiver, dazitischer, polygenetischer Vulkan Augustine (Golf von Alaska) über pazifischer Subduktionszone nach der Eruptionsphase Januar–April 1976.

b) Peridotitxenolithe in Basalt. Schlotbereich eines erodierten Vulkans. Sauterres (Frankreich).

Tafel I

Mauna Ulu-Eruption vom 30. Dezember 1969 mit 250 m hoher Lavafontäne. Riftzone des Kilauea-Vulkans (Hawaii). Vgl. Fig. 11.

Tafel II

a) Dünnschliff eines primitiven „Basaltes“ (Nephelinit). Breite der Abbildung 1 cm. Die Farbunterschiede in den großen Klinopyroxenkristallen (Einsprenglinge) spiegeln unterschiedliche chemische Zusammensetzungen wider, wobei die Kerne vermutlich bei höheren Drucken kristallisiert sind als die Randzonen (Herchenberg, Osteifel).

b) Wurfschlacken, Beispiel für magmatisch eruptierte pyroklastische Lockerprodukte. Eiterköpfe (Osteifel).

Tafel III

a) Nebengesteinsreiche, geschichtete, durch Horizontaltransport abgelagerte Tuffe vermutlich phreatomagmatischer Entstehung. Rothenberg (Osteifel).

b) CO_2-Emission am Ostrand des Laacher Sees.

Tafel IV

Diskussion

Herr Schwarzkopff: Ich erinnere mich aus meiner Schulzeit – ich habe vor ein paar Jahren bei einer Studentenexkursion am Ätna noch etwas davon gesehen –, daß seinerzeit Mussolini versucht hat, Wärme sowohl am Vesuv als auch am Ätna zu gewinnen. Jedenfalls trägt die Kraterstation der Ätna-Bahn heute noch eine Inschrift: „Im Jahre X des Faschismus hat der Duce unter dem König ..." usw. Das kann man heute noch dort lesen.

Ist daraus eigentlich etwas geworden? Man hat Bohrungen vorgetrieben und versucht, ein Dampfkraftwerk zu errichten. Wissen Sie etwas davon?

Herr Schmincke: Von aktuellen Plänen über geothermische Kraftwerke am Ätna ist mir nichts bekannt. In der Nähe des Vesuvs sind in den letzten Jahren von italienischer, z. T. auch deutscher Seite (Braunschweig) mit Bohrungen und elektrischen Tiefensondierungen (Magnetotellurik) markante geothermische Anomalien nachgewiesen worden. Es ist nicht auszuschließen, daß in absehbarer Zukunft im Gebiet des Vesuvs geothermische Energie in irgendeiner Form nutzbar gemacht wird.

Allerdings ist die Erschließung der Erdwärme in der Nähe aktiver Vulkane wie beim Vesuv oder Ätna nicht unproblematisch. Zum Beispiel sind an der Ostflanke des aktiven Vulkans Kilauea vor ungefähr vier Jahren große Vorräte an magmatisch aufgeheiztem Grundwasser bzw. hochgespanntem Dampf nachgewiesen worden. Daß die Energiegesellschaften von Hawaii noch mit der Errichtung eines Kraftwerkes zögern, liegt sicher auch an dem schwer abschätzbaren Risiko möglicher Eruptionen in diesem Gebiet. In Island steht man vor einem ähnlichen Dilemma. Dort hat man in der Krafla Caldera in der Nähe eines historisch aktiven Gebiets ein großes geothermisches Kraftwerk gebaut, vor dessen Errichtung Erdwissenschaftler gewarnt hatten. Seit etwa sieben Jahren ist dieses Gebiet tektonisch und vulkanisch wieder aktiv. Das Kraftwerk selber ist zwar nicht direkt bedroht, jedoch sind einige produktive Dampfbohrungen aufgrund lateraler unterirdischer Magmawanderungen versiegt. Damit will ich nur das Risiko illustrieren, direkt an hochaktiven Vulkanen geothermische Kraftwerke zu errichten.

Herr Pischinger: In Kalifornien ist aber, soviel ich weiß, ein geothermisches Kraftwerk relativ großer Abmessungen erfolgreich in Betrieb.

Herr Schmincke: Das geothermische Kraftwerk „The Geysers“ nördlich von San Franzisko ist das z. Z. größte und expansivste Erdwärmekraftwerk der Erde. Es hat z. Z. eine Leistung von ungefähr 700 Mw, die in wenigen Jahren auf 1000 Mw erhöht werden soll. Als Wärmequelle vermutet man einen Magmakörper in 5–10 km Tiefe. Man versucht z. Z. diesen Körper mit verschiedenen Methoden genauer zu orten, was allerdings methodisch noch sehr schwierig ist.

Herr Benthaus: Wie weit stimmt die Ausbildung der Pipes des südafrikanischen Diamantbergbaus mit den Maaren in der Eifel überein? Bekanntermaßen ist die Ausbildung der Pipes durch den Abbau der diamantträchtigen Erde bis in 800 m oder 1000 m Teufe recht gut bekannt. Das Ausfüllen der Pipes mit den Diamanten oder anderen begleitenden Mineralien wird Kimberlitt oder Blue ground genannt.

Herr Schmincke: Es gibt sicher viele Ähnlichkeiten in der Weise, daß die Gesteine bei den Pipes, in denen Diamanten gefunden werden, ähnlich dem Untergrund der Maare vor allem mit klastischem Material gefüllt sind. Das Magma, aus dem die Kimberlit-Gesteine entstanden sind, ist, wie auch das der Westeifel-Maare, SiO_2 untersättigt, hochalkalisch und daher besonders reich an Gasen, insbesondere CO_2. Dies hat zu der weitverbreiteten Ansicht geführt, daß sowohl Maare wie Kimberlite das Resultat magmatischer Gasexplosionen sind.

Es gibt nun für die Maare in der Eifel und anderswo sehr viele Hinweise, daß sie durch das Zusammentreffen von Magma und Grundwasser und daraus resultierenden Wasserdampfexplosionen entstanden sind. Herr Lorenz aus Mainz hat postuliert, daß auch die Kimberlit-Pipes dadurch entstanden sind, daß die Kimberlit-Schmelze in dem sehr porösen Karroo-Sandstein in Südafrika mit dem Grundwasser in Berührung gekommen ist und dort phreato-magmatische Eruptionen erzeugt hat. Das ist in der Fachwelt auf große Ablehnung gestoßen. Meiner Meinung nach sind die Anzeichen für Wasserkontakt jedoch recht überzeugend. Den bekannten Kimberlitautolithen ähnliche Partikel haben wir in phreatomagmatisch entstandenen Vulkanen in der Eifel und anderswo gefunden.

Auch die Tatsache, daß die vulkanischen Gesteine vieler Maare aus gasarmen Magmen entstanden sind, wie die tholeiitischen in Island, zeigt, daß magmatische Gase nicht den entscheidenden Faktor für die Explosivität dieser Vulkane darstellen.

Herr Benthaus: In den Pipes des südafrikanischen Diamantbergbaus sind Gesteinsreste gefunden worden, die sich aufgrund ihres Fossilieninhaltes dem Tertiär zuordnen lassen. Da die Überdeckung der jetzigen Oberfläche 2000–3000 m im Tertiär betragen haben soll, müßten diese Fundstücke in die jetzigen Teufen, also über 3000 m tief hineingestürzt sein. Das bedeutet, daß aus den damaligen oberflächennahen Schlotwänden Teile herausgebrochen sein müßten, die so tief in den leeren Schlot hineingestürzt sind. Kann man davon ausgehen, daß die Maare auch zeitweilig so tief offengestanden haben, daß ähnliche Vorgänge sich auch hier abgespielt haben können?

Herr Schmincke: Bei großen Vulkaneruptionen wird sehr schnell ein Hohlraum geschaffen, oft ein Trichter, dessen Wände nicht stabil sind und einbrechen. Das Endergebnis ist aus energetischen Gründen meist ein rundes Gebilde, wie auch die Krater in Hawaii. Man kann sicher auch bei den Eruptionskammern davon ausgehen, daß sie immer wieder einstürzen, wie man es von Hohlräumen im Bergbau kennt.

Die Maare haben nach Untersuchungen von Herrn Lorenz meistens eine Caldera-Struktur, d.h. eine Einbruchstruktur. Bei großen Schloten können Nebengesteinsschollen sehr tief absinken.

Herr Schreyer: Mit welcher Methode hat man eigentlich die Vulkanwurzel in Hawaii festgestellt?

Herr Schmincke: Vor allem mit seismischen und geodätischen. Man hat seit ungefähr Ende der fünfziger, Anfang der sechziger Jahre systematisch sehr viele Erdbeben im Vulkangebäude selber registriert. Die Hypozentren lassen sich wegen der vielen Stationen sehr genau lokalisieren. Sie konzentrieren sich um den Magma-Aufstiegsweg und um die Kammer selber. Im flüssigen Teil findet man natürlich keine Herde. Es ist also eine Lokalisierung von Erdbeben-Hypozentren in einem etwas schräg nach unten geneigten Kanal.

Das gleiche gilt für die eigentlichen Tiefenwurzeln im vermuteten Aufschmelzbereich. Man registriert gelegentlich tiefere Beben unter dem Kilauea in ungefähr 60 km Tiefe. Das ist verglichen mit den eigentlichen sogenannten Tiefenbeben aus bis zu 700 km Tiefe im zirkumpazifischen Raum entlang von Subduktionszonen natürlich sehr flach. Die 60 km tiefen Beben unter Hawaii werden als Beginn des Magma-Aufstiegs interpretiert.

Herr Wohlenberg: Herr Schmincke, Sie haben sich sehr optimistisch im Hinblick auf das Vorhandensein einer geothermischen Lagerstätte unter der Eifel und einer möglichen Nutzung dieser Energiequelle geäußert. Sie haben nun den Schwarzen Peter der Geophysik gegeben mit der Bemerkung, es wäre wünschenswert, wenn von Seiten der Geophysik ebenfalls Hinweise auf eine Wärmelagerstätte im Untergrund der Eifel angeboten würden. Leider zeigen geophysikalische Untersuchungen bisher keine überzeugenden Argumente. Dies kann sich ja noch ändern. Was erwarten Sie denn von der Geophysik, was könnte denn Ihrer Meinung nach die Geophysik zeigen?

Herr Schmincke: Das ist so nicht richtig. Wir haben uns lediglich darüber geäußert, daß unser petrologisches Modell – nur partielle Entleerung einer größeren, zonierten Magmasäule – aus verschiedenen Gründen plausibel ist. Inzwischen haben ja auch – trotz anfänglicher Skepsis – andere Untersuchungen, insbesondere der Wasserchemie, ergeben, daß unter dem Laacher See eine Wärmeanomalie vermutet werden kann, deren Größe und genaue Lage nicht bekannt ist.

Als Geophysiker werden Sie viel besser als ich beurteilen können, welche Methoden am vielversprechendsten sind. Da die Magnetotellurik nach den Untersuchungen der Arbeitsgruppe Musmann (Braunschweig) wegen der vielen anthropogenen Störfaktoren noch keine eindeutig interpretierbaren Ergebnisse geliefert hat, kann vielleicht die Anwendung gravimetrischer und mikroseismischer Methoden weiterhelfen.

Am vielversprechendsten – aber auch aufwendigsten – wären vermutlich reflexionsseismische Untersuchungen.

Herr Wurster: Zu dem sehr ideenreichen und auch didaktisch einleuchtenden Vortrag von Herrn Schmincke habe ich einige Fragen von der Geologie her.

Ich habe immer etwas Schwierigkeiten, die Eifel, ein Gebiet relativer tektonischer Ruhe während der jüngeren Erdgeschichte, in irgendeiner Beziehung mit den plattentektonisch aktiven Zonen zu sehen. Die Zonen, die Sie vorgestellt haben, etwa mit Mount St. Helens oder anderen Vulkanen, liegen im Meer und entlang der uns bekannten Bebenzonen, die Sie auch gezeigt haben. Aber die Eifel paßt dort vom geologischen Rahmen her nicht so ganz hin. Das ist also ein kleiner Einwand.

Ich habe immer Mühe, etwa in der Eifel – an all den anderen Vulkanen kann ich es gut, aber in der Eifel habe ich Mühe – überhaupt das Wasser für diese phreatomagmatischen Dinge zu sehen. Das ist ein alter Disput, den ich hier nur erwähnen wollte. Die Eifel ist nach Kenntnis der Hydrogeologen ein Land, in dem man auch aus der Tiefe kein Wasser bekommt. Die tiefsten Wassererschließungen – das zeigen Arbeiten von Karenberg u. a. – gehen ungefähr 100 m tief, und darunter sind die Spalten zu, geheilt, wie es im Bergbau üblich ist. In der Eifel bekomme ich also nicht das Wasser für solche phreatomagmatischen Vorgänge, jedenfalls nicht so ganz leicht. Das ist ein zweiter kleiner Zweifel.

Meine dritte Frage ist ganz einfach, ob man nicht sehr vorsichtig sein muß in der Andeutung von Möglichkeiten, daß aus einem solchen noch relativ theoretisch erschlossenen Areal energiewirtschaftlich in absehbarer Zeit irgendetwas zu erhoffen ist. Ich hätte da den Einwand: Da ist, wie Sie auch selbst sagen, noch so Vieles zu tun und so viel noch Hypothetisches, daß wir einfach noch Geduld üben müssen, ehe wir da zu laut werden.

Herr Schmincke: Zu Anfang des Vortrags habe ich ja darauf hingewiesen, daß die Eifel ein typischer Vertreter für den sogenannten Intraplattenvulkanismus ist. Die wohl bekanntesten Intraplattenvulkane, die hawaiianische Vulkaninselkette, gilt wegen der systematischen Altersabnahme als Modellfall für die Bestimmung von Plattenbewegungsvektoren. Die Vulkanfelder der Eifel liegen, wie Sie wissen, mitten im Rheinischen Schild, der sich im Pleistozän stark gehoben hat und wohl auch heute noch hebt. Es gibt kaum ein drastischeres Beispiel für Vertikalbewegungen als die Entwicklung der mittelozeanischen Riftzonen – den Entstehungszonen der Platten – und die nachfolgende Bildung der Tiefseeböden, vermutlich durch Abkühlen der Lithosphärenplatte, bevor ca. 60 Millionen Jahre nach ihrer Bildung sich ein gewisses Gleichgewicht einstellt. Auch wenn man die genauen Ursachen der Vertikalbewegungen nicht kennt – ein ganzes gerade zu Ende gegangenes Schwerpunktprogramm der DFG hat versucht, die Frage nach dem Motor von Vertikalbewegungen am Beispiel des Rheinischen Schildes zu beantworten – kann man vielleicht generell von einer Dichte-Erniedrigung des Mantels sprechen, sei es durch Aufsteigen heißen Mantelmaterials oder durch partielles Aufschmelzen oder beides. Analoge Prozesse stellt man sich unter dem Mittelozeanischen Rücken vor.

Ihre zweite Frage kann ich nicht ganz befriedigend beantworten. Es gibt in diesem insgesamt dichten Untergrund wasserführende Klüfte, die auch in einigen Hundert Metern noch anzutreffen sind – wie etwa die Bohrung Ochtendung gezeigt hat – sowie mit vulkaniklastischem Material gefüllte Schlote, deren Tiefenerstreckung unbekannt ist. Beide Arten von Wasserspeichern werden in der Hydrogeologie seit längerem mit Erfolg prospektiert. Mindestens zwei der großen Vulkane – Wehr und Laacher See – scheinen sich auf älteren Tuffringen entwickelt zu haben, deren Schlote (Diatreme) vermutlich gute Wasserspeicher waren. Da die Maare der Westeifel nach Untersuchungen von Gebhardt und Lorenz durchweg auf Tälern liegen und diese sich oft entlang von Bruchlinien im Untergrund entwickelt haben, liegt auch hier der Zusammenhang zwischen Wasserhöffigkeit und phreatomagmatischen Eruptionsprozessen nahe, der im übrigen auf der ganzen Erde zu beobachten ist. Anhand der vielfältigen gewichtigen vulkanologischen Kriterien für die entscheidende Beteiligung von externem Wasser an der Bildung von Maaren, Tuffringen und phreatomagmatischen Ablagerungen in Schlackenkegeln kann das ehemalige Vorhandensein von Wasser auch dort postuliert werden, wo es heute mit anderen geologischen Methoden nicht nachgewiesen werden kann.

Die Fragen der geothermischen Energie müssen in der Tat in der Öffentlichkeit behutsam behandelt werden. Spekulationen über energiewirtschaftliche Aspekte der Geothermikforschung in der Eifel verkennen den grundlagenorientierten Ansatz dieser Untersuchungen, in dem es darum geht, Methoden zur Lokalisierung und Abschätzung von Vulkan-Magmakammersystemen zu entwickeln. Ich kenne allerdings auch keine Arbeitsgruppe, die sich energiewirtschaftlich optimistisch geäußert hat.

Herr Schreyer: Wäre es nicht sinnvoll, einmal in der Nähe des Laacher Sees zu bohren, um der Lösung dieser Streitfrage etwas näherzukommen?

Herr Schmincke: Bohrungen sind teuer und sollten deshalb erst dann niedergebracht werden, wenn die Untersuchungen der Vulkane und ihrer Gesteine, der Wasserchemie und der geophysikalischen Erkundung des Untergrundes zu plausiblen Modellvorstellungen geführt haben. Die diesbezüglichen Studien sind noch nicht abgeschlossen. Gründliche Vorstudien sind insbesondere deshalb kritisch, weil – ausgelöst durch die Energiekrise – bereits 1976 im weiteren Laacher See-Gebiet eine Bohrung mit geothermischer Zielsetzung niedergebracht wurde. Sie ging allerdings von dem nach unserer Vorstellung nicht begründeten Modell von mehreren Eruptionszentren für die Laacher See-Tephra-Ablagerungen aus und, da sie ca. 10 km vom Laacher See entfernt liegt, zu weit von einem möglichen Wärmereservoir unter dem Laacher See.

Herr Reiche: Wie tief müßte eine solche Bohrung werden?

Herr Schmincke: Die Minimaltiefe einer solchen Bohrung hinge nicht nur von der Tiefenlage einer möglichen Magmakammer, sondern ganz besonders von den hydrogeologischen Gegebenheiten zwischen einem Wärmereservoir und der Oberfläche ab. Denn in vielen Gebieten mit oberflächennahen Magmakammern nimmt in Bohrlöchern die Temperatur nicht linear zur Wärmequelle hin zu, sondern zunächst nur mäßig mit möglichen Umkehrungen im Zirkulationbereich kalter Wässer. Steile Temperaturgradienten werden oft erst im engeren Umkreis der Wärmequelle registriert.

Darüber hinaus müßte vor einer möglichen Tiefbohrung der Untergrund an mehreren Stellen durch Flachbohrungen erkundet werden, um die Modelle über den Aufbau der von Vulkanen durchsetzten obersten Kruste an kritischen Stellen zu überprüfen. Tiefenangaben können erst nach Abschluß der Vorarbeiten gemacht werden.

Herr Wurster: Eine Bohrung, wie sie Herr Sekretar anregt, wäre natürlich für die Geologie, für die Wissenschaft und auch für jeden erdwissenschaftlichen Fortschritt sehr wichtig und interessant, denn damit kämen wir ja an den Kern der Dinge, man würde über Fragen, die Herr Schmincke hier vorgetragen hat, wichtige neue Beobachtungen gewinnen. Auf jeden Fall könnten wir auch geophysikalisch und auch geologisch viel dazugewinnen, eventuell auch zu den Ergebnissen der Bohrung Ochtendung, Herr Wohlenberg? Nach meiner Ansicht ist es dann jedoch eine reine Forschungsbohrung, und alles andere wäre falsch, würde falsche Hoffnungen wecken. Wenn sich aus ihr Anhaltspunkte für eine Wärmeanomalie ergeben sollten, wäre das, so meine ich, eine neue Situation.

Herr Schreyer: Die Russen bohren in Kola 12 km tief und finden dort unglaubliche Mengen fluider Phasen, die ohne jeglichen wirtschaftlichen Nutzen ins Bohrloch strömen.

Herr Wurster: Ich bin mit Herrn Schreyer völlig einig: Es wäre sicher sehr interessant, dort zu bohren. Es gibt – so glaube ich – auch von der DFG, von der geowissenschaftlichen Gemeinschaftsforschung aus, konkrete Vorschläge für kontinentale Tiefbohrungen in die Erdkruste. Sie müssen nur sehr, sehr gründlich überlegt werden, bevor man sie durchführt: denn wir werden dann daran gemessen, was wissenschaftlich prognostiziert wurde. Dazu gibt es im Laufe der nächsten Jahre noch eine ganze Menge auszudiskutieren. Das ist meine Meinung zu der Bohrungsidee.

Herr Voll: Sie haben vorhin das Bild entworfen, daß die Magmakammer in einer Tiefe – früher waren es 2 bis 4 km – von jetzt 3 bis 5 km steckt. Sie äußerten dann, die Wärme könne wegen der äußerst langsamen Wärmeleitung noch nicht oben angekommen sein. Habe ich sie da richtig verstanden?

Herr Schmincke: Die Tiefenlage der Kammer, aus der die Magmen des Laacher See-Vulkans eruptiert sind, hängt vom gemessenen Volumen der Tephralagen sowie dem angenommenen Durchmesser der Magmasäule ab. Die Volumenberechnungen werden ständig verfeinert und liegen nach den Untersuchungen von Herrn van den Bogaard zur Zeit bei 5 km^3 eruptiertes Magma. Dies ist aber nicht der entscheidende Punkt. Zentral ist vielmehr die Frage, ob das Ausgangsmagma, das nach den Berechnungen von Herrn Wörner ein um etwa den Faktor 10 höheres Volumen hat, in die entleerte und z. T. eingestürzte Kammer nachgeströmt ist, direkt unterhalb der eruptierten Säule folgt oder erst in größerer Krustentiefe. Selbst wenn das Ausgangsmagma bis wenige Kilometer unter die Erdoberfläche nachgeströmt ist, wird es sich dann nicht oberflächlich durch erhöhte Temperaturen bemerkbar machen können, wenn der Wärmetransport allein durch Leitung im festen Gestein erfolgt. Dies ist die zweite Grundfrage. Heiße Quellen und Geysire repräsentieren den sehr viel schnelleren Wärmetransport durch konvektierende, aufgeheizte Grundwässer, sogenannte Hydrothermalsysteme.

Jüngste geochemische Untersuchungen der Quellen im Laacher See-Gebiet durch die Arbeitsgruppe Langguth/Plum (Aachen) zeigen wie vorher erwähnt ganz klar, daß unter dem Laacher See eine markante Wärmeanomalie existiert. Daß diese sich nicht stärker an der Oberfläche äußert, etwa in der Form von heißen Quellen, kann daran liegen, daß sie sich in großer Tiefe befindet oder daß die Zirkulation des Grundwassers im Grundgebirge beschränkt ist.

Herr Voll: Ich sehe einen gewissen Widerspruch darin, wenn man sagt, die Wärme sei wegen der Langsamkeit dieser Prozesse, gerade wenn man sich auf Wärmeleitung beruft, noch nicht oben angekommen, wenn man aber andererseits auf die Frage nach verfügbarem Wasser für phreatische Eruptionen dieses Wasser wieder als gegenwärtig kennzeichnet und darauf hinweist, daß in den zerklüfteten Pipes über einem Explosionsherd das Wasser reichlich verfügbar ist, daß die gerade Reservoire sind. Dann kann man natürlich nicht mit Wärmeleitung, sondern dann muß man mit Wärmetransport operieren, und der ginge doch sehr viel schneller.

Herr Schmincke: Dies ist kein Widerspruch, sondern eine Frage der Tiefe. Die Eruptionsherde der Maare liegen nach unseren Untersuchungen und denen von Herrn Lorenz (Mainz) in geringer Tiefe, meist unter ca. 50 m. Möglicherweise nach der Eruption des Laacher See-Vulkans bis dicht unter die Erdoberfläche nachgeströmtes Magma – wie es vielleicht die magnetischen Daten von Lorenzen und Berckhemer (Frankfurt) andeuten – ist sicher längst hydrothermal abgekühlt. Da das sich insgesamt bei der Deformation relativ plastisch verhaltende devonische Deckgebirge mit seiner geringen Porosität und Permeabilität keine Tiefenzirkulation von Grundwasser erwarten läßt, müßte sich ein Hydrothermalsystem auf den Eruptionsschlot und dessen vulkanotektonisch gestörte Randbereiche beschränken, ein Bereich, der mit der Tiefe vermutlich zunehmend durch nachgeströmtes Magma und Sekundärmineralisation versiegelt ist.

Herr Mückenhausen: Kennt man die geothermische Tiefenstufe im Laacher Seegebiet und in der übrigen Eifel, zum Beispiel in dem Vulkangebiet von Daun? Ist diese ungefähr so, wie man sie von Urach kennt?

Herr Schmincke: Der in der Eifel gemessene Temperaturgradient ist nicht anomal hoch – anders als in Urach. Dies ist jedoch für diejenigen jungen Vulkangebiete nicht ungewöhnlich, die – oft gehobener – älterer kontinentaler Kruste aufsitzen und nur vereinzelt von größeren oberflächennahen (0–10 km Tiefe) Magmakammern begleitet sind. Diese sind, wie gesagt, in der Eifel sehr selten und viel kleiner als in Geothermalgebieten wie Yellowstone (USA) oder Wairakei (Neuseeland). Die von den möglicherweise an der Grenze Kruste/Mantel stagnierenden größeren Magmareservoiren ausgehende Wärmefront wird sich erst in geologischen Zeiträumen an der Erdoberfläche bemerkbar machen.

Herr Mückenhausen: Aber genau kennt man sie noch nicht?

Herr Schmincke: Insgesamt ist der geothermische Gradient in der Eifel nicht besonders hoch.

Herr Wohlenberg: Zu den geophysikalischen Untersuchungen, die Herr Schmincke gerade zitiert hat, möchte ich doch noch folgendes sagen: Wärmestrommessungen, die im Laacher See durchgeführt worden sind, sind sehr kompliziert zu korrigieren und daher auch mit erheblichen Unsicherheiten verbunden. Inwieweit man die bei diesen Messungen gewonnenen Daten in größere Tiefen hin extrapolieren kann, ist eine große Frage. Konvektive Wassersysteme in den oberflächennahen Bereichen beeinflussen die ermittelten Wärmestromwerte erheblich.

Die von den Geophysikern der Universität Braunschweig für Temperatur- und Wärmestrommessungen durchgeführten Flachbohrungen hatten eine Tiefe von ca. 20 m. Man kann, glaube ich, kaum erwarten, daß die Ergebnisse dieser Messungen zuverlässig in die Tiefe extrapoliert werden können.

Temperaturmessungen, die in der 750 m tiefen Forschungsbohrung Ochtendung durchgeführt wurden, ergeben einen extrem niedrigen geothermischen Gradienten und damit sehr niedrige Temperaturen auch in größerer Tiefe. Diese Untersuchungen schließen allerdings auch nicht aus, – Herr Schmincke hatte dies bereits angedeutet –, daß sich im Untergrund der Eifel Restmagmenkörper hoher Temperatur befinden können, die sich wegen der sehr schlechten Wärmeleitfähigkeit der Gesteine noch nicht bis an die Erdoberfläche als Temperaturanomalien durchgepaust haben.

Grundsätzlich muß man aber gegenwärtig noch sagen, daß alle bisher durchgeführten geophysikalischen Messungen, insbesondere auch die geothermischen Messungen, keine Extrapolation in größere Tiefe hin zulassen und damit auch keine Hinweise auf eine Wärmelagerstätte unter der Eifel geben können.

Herr Benthaus: Der Steinkohlenbergbau im Ruhrgebiet geht derzeit in einer Teufe zwischen 600 und 1000 m. Es werden etwa 500 km Strecken je Jahr zum Aufschluß und zum Abbau getrieben. Diese ermöglichen eine sehr gute Kenntnis der Sattel- und Mulden-Struktur. Bei systematischen Untersuchungen über die natürliche Temperatur des anstehenden Gebirges in 1000 m Teufe hat man festgestellt, daß diese Temperaturen zwischen 45° und 55 °C schwanken. In einigen Sätteln ist die Temperatur um 5°–8° höher als in 3 km entfernten Mulden. Diese Untersuchungen wurden während eines vom BMFT unterstützten Forschungsvorhabens „Bergwerk der Zukunft“ gemacht, mit dem Ziel, die Temperatur der Gesteinsschichten und ihre ungleichförmige Verteilung in noch größerer Teufe besser voraussagen zu können.

Die Tatsache, daß in den Sätteln die Temperaturen des Ruhrkarbons höher sind, läßt sich auf die geringere Wärmeleitfähigkeit der Steinkohlenflöze zurückführen, die jeweils über die anstehenden Schichten (Sandstein- oder Schieferschichten) „gestülpt“ sind.

Bei der Beurteilung von Bohrungen, die auf tieferliegenden Strukturen angesetzt sind, muß man bei der Interpretation von gemessenen Temperaturen sehr vorsichtig sein, da diese Bohrungen „Nadelstiche“ darstellen, im Vergleich zu der großräumigen Aufklärung, die z. B. der Ruhrbergbau betreibt beim Aufschluß und Abbau seiner Lagerstätten.

Ich bin mit Ihnen der Meinung, daß Gebirgstemperatur und ihre Deutung sehr komplizierte, geophysikalische dreidimensionale Fragestellungen darstellen.

Veröffentlichungen
der Rheinisch-Westfälischen Akademie der Wissenschaften

Neuerscheinungen 1977 bis 1982

Vorträge N Heft Nr.		NATUR-, INGENIEUR- UND WIRTSCHAFTSWISSENSCHAFTEN
263	*Hans K. Schneider, Köln*	Die Zukunft unserer Energiebasis als ökonomisches Problem
	Hans Frewer, Erlangen	Wandel der Energietechnik durch Einsatz neuer Energieträger
264	*Wolfgang Pitsch, Düsseldorf*	Thermodynamik der Eisenmischkristalle
	Bernhard Ilschner, Erlangen	Innere Regelkreise bei der Hochtemperatur-Verformung kristalliner Festkörper
265	*Franz Huber, Seewiesen (Obb.)*	Lautäußerungen und Lauterkennen bei Insekten (Grillen) Jahresfeier am 26. Mai 1976
266	*Herbert Giersch, Kiel*	Perspektiven der Entwicklung der Weltwirtschaft
	Norbert Szyperski, Köln	Unternehmungs- und Gebietsentwicklung als Aufgabe einzelwirtschaftlicher und öffentlicher Planung
267	*Hans Brand, Erlangen*	Möglichkeiten und Grenzen einer technischen Nutzung der Sonnenenergie
	Karl-Friedrich Knoche, Aachen	Thermochemische Wasserzersetzungsprozesse
268	*Bartel Leendert van der Waerden, Zürich*	Die vier Wissenschaften der Pythagoreer
	Hans Hermes, Freiburg i. Br.	Hundert Jahre formale Logik
269	*Karl Ernst Wohlfarth-Bottermann, Bonn*	Cytoplasmatische Actomyosine und ihre Bedeutung für Zellbewegungen
	Ernst Zebe, Münster	Anaerober Stoffwechsel bei wirbellosen Tieren
270	*Ronald Mason, Brighton, U. K.*	The Evolution of a Coordination and Organometallic Chemistry of Surfaces
	Max Schmidt, Würzburg	Elementarer Schwefel – neue Fragen zu einem alten Problem
271	*Wolfgang Flaig, Braunschweig*	Fortschritte auf dem Gebiet der Biochemie des Bodens im Bezug zur pflanzlichen Produktion (Übersicht)
	Hermann Kick, Bonn	Probleme der Düngung in der modernen Landwirtschaft
272	*Dietrich W. Lübbers, Dortmund*	Die Sauerstoffversorgung der Warmblüterorgane unter normalen und pathologischen Bedingungen
	Gerhard Neuweiler, Frankfurt/M.	Die Echoortung der Fledermäuse
273	*Ulrich Bonse, Dortmund*	Interferometrie mit Röntgen- und Neutronenstrahlen
	Horst Stegemeyer, Paderborn	Flüssige Kristalle: Strukturen, Eigenschaften und Bedeutung
274	*Kurt Fränz, Ulm*	Humanismus und Technik – Variationen über ein altes Thema
275	*Joseph Rutenfranz, Dortmund*	Arbeitsphysiologische Grundprobleme von Nacht- und Schichtarbeit
	Rainer Bernotat, Meckenheim	Ergonomische Gestaltung von Mensch-Maschine-Systemen
276	*Gerhard Fels, Kiel*	Wiederbelebung der privaten Investitionstätigkeit als wirtschaftspolitische Aufgabe
	Herbert Hax, Köln	Finanzwirtschaftliche Planung in der Unternehmung bei Geldentwertung
277	*Friedrich Liebau, Kiel*	Fortschritte auf dem Gebiet der Kristallchemie der Silikate
278	*Heinrich Kuttruff, Aachen*	Gelöste und ungelöste Fragen der Konzertsaalakustik
	Hermann Schenck, Aachen	Prosperität und Handlungsfreiheit der Stahlindustrie im Kraftfeld konjunktureller und struktureller Bewegungen
279	*Joseph Straub, Köln*	Züchtungsforschung im Dienste der Ernährung Jahresfeier am 3. Mai 1978
280	*Heinrich Mandel, Essen*	Die Kernenergie im Spannungsfeld zwischen wirtschaftlicher Nutzung und öffentlicher Billigung
281	*Wolfgang Zerna, Bochum*	Probleme des Spannbetons
	Karl Kordina, Braunschweig	Über das Brandverhalten von Bauteilen und Bauwerken
282	*Werner H. Hauss, Münster*	Über die Möglichkeit, Koronarsklerose und Herzinfarkt zu verhüten und zu behandeln
	Ludwig E. Feinendegen, Jülich	Externe Messung von Herzstruktur und -funktion
283	*Gotthilf Hempel, Kiel*	Meeresfischerei als ökologisches Problem
	Eugen Seibold, Kiel	Rohstoffe in der Tiefsee – Geologische Aspekte
284	*Heinz-Günther Wittmann, Berlin*	Ribosomen und Proteinbiosynthese
285	*Helmut Domke, Aachen*	Sicherungsmaßnahmen gegen Bergschäden und Erdbeben
	Friedrich-Wilhelm Gundlach, Berlin	Der Einfluß des Regens auf die Ausbreitung von Mikrowellen

286	*Horst Rollnik, Bonn*	Ideen und Experimente für eine einheitliche Theorie der Materie
287	*John C. Harsanyi, Berkeley, Bonn*	A new solution concept for both cooperative and noncooperative games
	Reinhard Selten, Bielefeld	Experimentelle Wirtschaftsforschung
288	*Friedrich Hund, Göttingen*	Die Rolle des Dualismus Welle-Teilchen beim Werden der Quantentheorie
	Claus Müller, Aachen	Neue Verfahren zur Lösung der elliptischen Randwertprobleme der Mathematischen Physik
289	*Ulrich Hütter, Stuttgart*	Moderne Windturbinen
	Rudolf Schulten, Jülich	Kernenergietechnik heute
290	*Paul Arthur Mäcke, Aachen*	Planerische Möglichkeiten für einen humanen Stadtverkehr
	Karlheinz Roik, Bochum	Schrägseilbrücken – Beispiele und Entwicklungstendenzen im modernen Stahlbrückenbau
291	*Stefan Vogel, Wien*	Florengeschichte im Spiegel blütenökologischer Erkenntnisse
	Walter Larcher, Innsbruck	Klimastreß im Gebirge – Adaptationstraining und Selektionsfilter für Pflanzen
292	*Günther Gerisch, Basel*	Periodische Enzymaktivierung als Kontrollfaktor multizellulärer Entwicklung
	Jens Blauert, Bochum	Neuere Ergebnisse zum räumlichen Hören
293	*Franz Grosse-Brockhoff, Düsseldorf*	Herzbehandlung mit dem ‚Fingerhut' einst und jetzt
294	*Norbert Kloten, Stuttgart*	Das Europäische Währungssystem. Eine europäische Grundentscheidung im Rückblick
295	*Karl Schindler, Bochum*	Die Magnetosphäre der Erde und ihre Dynamik
296	*Eugene P. Cronkite, New York*	The hungry granulocyte – Its fate and regulation of production
297	*Volker Aschoff, Aachen*	Aus der Geschichte der Telegraphen-Codes
	Hans Dieter Lüke, Aachen	Moderne Probleme der Nachrichten-Codierung
298	*Karl Kremer, Düsseldorf*	Kunststoffe in der Chirurgie
	Gerd Meyer-Schwickerath, Essen	Augenoperationen in mikroskopischen Dimensionen
299	*Wolfgang Backé, Aachen*	Die Rolle der Fluidtechnik bei der Entwicklung neuartiger Maschinenkonzepte
	Rolf Staufenbiel, Aachen	Entwicklung des zivilen Luftverkehrs unter den Aspekten der Umweltbelastung und dem Zwang von Energieersparnis
300	*Hans Adolf Krebs, Oxford*	On asking the right kind of question in biological research
	Jozef Schell, Köln	Neue Aussichten für die Pflanzenzüchtung: Gen-Übertragung mit dem Ti-Plasmid
301	*Gerhard M. Schneider, Bochum*	Fluide Mischungen bei hohen Drücken
	Albrecht Maas, Bonn	Direktbeobachtung und Analyse von Kristallwachstumsvorgängen im hochauflösenden Transmissions-Elektronenmikroskop
302	*Albrecht Rabenau, Stuttgart*	Lithiumnitrid und verwandte Stoffe
	Ulrich Wannagat, Braunschweig	Sila-Substitutionen
303	*Hans K. Schneider, Köln*	Wirtschaftliches Wachstum – trotz erschöpfbarer natürlicher Ressourcen? Jahresfeier am 11. Juni 1980
304	*Hermann Flohn, Bonn*	Kohlendioxyd, Spurengase und Glashauseffekt: ihre Rolle für die Zukunft unseres Klimas
305	*Heinz Duddeck, Braunschweig*	Die Entwicklung der technischen Wissenschaft ‚Tunnelbau'
	Wolfgang Zerna, Bochum	Tanks für kryogene Flüssigkeiten
306	*Harald Schäfer, Münster*	Der Einfluß von Gasen auf die Reaktionsfähigkeit fester Stoffe
	Herbert Döring, Aachen	75 Jahre Hochvakuumelektronenröhren
307	*Hans J. Zassenhaus, Ohio*	Über die konstruktive Behandlung mathematischer Probleme
	Max Koecher, Münster	Von Matrizen zu Jordan-Tripelsystemen
308	*William F. Pohl, Minnesota*	The Application of Global Differential Geometry to the Investigation of Topological Enzymes and the Spatial Structure of Polymers
	Lothar Jaenicke, Köln	Chemotaxis – Signalaufnahme und Respons einzelliger Lebewesen
309	*Harald Ibach, Jülich/Aachen*	Zur Physik und Chemie der Festkörperoberfläche
310	*Edmond Malinvaud, Paris*	La profitabilité comme facteur de l'investissement
	Burkart Lutz, München	Einige Aspekte von Theorie und Empirie segmentierter Arbeitsmärkte
311	*Jürgen Schmitt, Aachen*	Der Mensch im elektromagnetischen Feld
	Günter Rau, Aachen	Ergonomie in der Medizin
312	*Klaus Heckmann, Münster*	Über *omikron*-Partikel und andere Symbionten von Ciliaten
	Detlev Riesner, Düsseldorf	Viroide: Struktur und Funktion der kleinsten Krankheitserreger
313	*Sven Effert, Aachen*	Arrhythmien des Herzens
314	*Kurt Schmidt, Mainz*	Verlockungen und Gefahren der Schattenwirtschaft
315	*Eckart Reiche, Krefeld*	Tagebau Hambach: Voraussetzungen – Probleme – Lösungen
	Hans-Ulrich Schmincke, Bochum	Vulkane und ihre Wurzeln

ABHANDLUNGEN

Band Nr.		
28	*Hermann Conrad, Gerd Kleinheyer, Thea Buyken und Martin Herold, Bonn*	Recht und Verfassung des Reiches in der Zeit Maria Theresias. Die Vorträge zum Unterricht des Erzherzogs Joseph im Natur- und Völkerrecht sowie im Deutschen Staats- und Lehnrecht
29	*Erich Dinkler, Heidelberg*	Das Apsismosaik von S. Apollinare in Classe
30	*Walther Hubatsch, Bonn u. a.*	Deutsche Universitäten und Hochschulen im Osten
31	*Anton Moortgat, Berlin*	Tell Chuēra in Nordost-Syrien. Bericht über die vierte Grabungskampagne 1963
32	*Albrecht Dihle, Köln*	Umstrittene Daten. Untersuchungen zum Auftreten der Griechen am Roten Meer
33	*Heinrich Behnke und Klaus Kopfermann (Hrsg.), Münster*	Festschrift zur Gedächtnisfeier für Karl Weierstraß 1815–1965
34	*Joh. Leo Weisgerber, Bonn*	Die Namen der Ubier
35	*Otto Sandrock, Bonn*	Zur ergänzenden Vertragsauslegung im materiellen und internationalen Schuldvertragsrecht. Methodologische Untersuchungen zur Rechtsquellenlehre im Schuldvertragsrecht
36	*Iselin Gundermann, Bonn*	Untersuchungen zum Gebetbüchlein der Herzogin Dorothea von Preußen
37	*Ulrich Eisenhardt, Bonn*	Die weltliche Gerichtsbarkeit der Offizialate in Köln, Bonn und Werl im 18. Jahrhundert
38	*Max Braubach, Bonn*	Bonner Professoren und Studenten in den Revolutionsjahren 1848/49
39	*Henning Bock (Bearb.), Berlin*	Adolf von Hildebrand, Gesammelte Schriften zur Kunst
40	*Geo Widengren, Uppsala*	Der Feudalismus im alten Iran
41	*Albrecht Dihle, Köln*	Homer-Probleme
42	*Frank Reuter, Erlangen*	Funkmeß. Die Entwicklung und der Einsatz des RADAR-Verfahrens in Deutschland bis zum Ende des Zweiten Weltkrieges
43	*Otto Eißfeld, Halle, und Karl Heinrich Rengstorf (Hrsg.), Münster*	Briefwechsel zwischen Franz Delitzsch und Wolf Wilhelm Graf Baudissin 1866–1890
44	*Reiner Haussherr, Bonn*	Michelangelos Kruzifixus für Vittoria Colonna. Bemerkungen zu Ikonographie und theologischer Deutung
45	*Gerd Kleinheyer, Regensburg*	Zur Rechtsgestalt von Akkusationsprozeß und peinlicher Frage im frühen 17. Jahrhundert. Ein Regensburger Anklageprozeß vor dem Reichshofrat. Anhang: Der Statt Regenspurg Peinliche Gerichtsordnung
46	*Heinrich Lausberg, Münster*	Das Sonett *Les Grenades* von Paul Valéry
47	*Jochen Schröder, Bonn*	Internationale Zuständigkeit. Entwurf eines Systems von Zuständigkeitsinteressen im zwischenstaatlichen Privatverfahrensrecht aufgrund rechtshistorischer, rechtsvergleichender und rechtspolitischer Betrachtungen
48	*Günther Stökl, Köln*	Testament und Siegel Ivans IV.
49	*Michael Weiers, Bonn*	Die Sprache der Moghol der Provinz Herat in Afghanistan
50	*Walther Heissig (Hrsg.), Bonn*	Schriftliche Quellen in Mog̊olī. 1. Teil: Texte in Faksimile
51	*Thea Buyken, Köln*	Die Constitutionen von Melfi und das Jus Francorum
52	*Jörg-Ulrich Fechner, Bochum*	Erfahrene und erfundene Landschaft. Aurelio de' Giorgi Bertòlas Deutschlandbild und die Begründung der Rheinromantik
53	*Johann Schwartzkopff (Red.), Bochum*	Symposium ‚Mechanoreception'
54	*Richard Glasser, Neustadt a. d. Weinstr.*	Über den Begriff des Oberflächlichen in der Romania
55	*Elmar Edel, Bonn*	Die Felsgräbernekropole der Qubbet el Hawa bei Assuan. II. Abteilung. Die althieratischen Topfaufschriften aus den Grabungsjahren 1972 und 1973
56	*Harald von Petrikovits, Bonn*	Die Innenbauten römischer Legionslager während der Prinzipatszeit
57	*Harm P. Westermann u. a., Bielefeld*	Einstufige Juristenausbildung. Kolloquium über die Entwicklung und Erprobung des Modells im Land Nordrhein-Westfalen
58	*Herbert Hesmer, Bonn*	Leben und Werk von Dietrich Brandis (1824–1907) – Begründer der tropischen Forstwirtschaft. Förderer der forstlichen Entwicklung in den USA. Botaniker und Ökologe
59	*Michael Weiers, Bonn*	Schriftliche Quellen in Mog̊olī, 2. Teil: Bearbeitung der Texte
60	*Reiner Haussherr, Bonn*	Rembrandts Jacobssegen Überlegungen zur Deutung des Gemäldes in der Kasseler Galerie
61	*Heinrich Lausberg, Münster*	Der Hymnus ›Ave maris stella‹
62	*Michael Weiers, Bonn*	Schriftliche Quellen in Mog̊olī, 3. Teil: Poesie der Mogholen
63	*Werner H. Hauss (Hrsg.), Münster, Robert W. Wissler, Chicago, Rolf Lehmann, Münster*	International Symposium 'State of Prevention and Therapy in Human Arteriosclerosis and in Animal Models'

64	*Heinrich Lausberg, Münster*	Der Hymnus ›Veni Creator Spiritus‹
65	*Nikolaus Himmelmann, Bonn*	Über Hirten-Genre in der antiken Kunst
66	*Elmar Edel, Bonn*	Die Felsgräbernekropole der Qubbet el Hawa bei Assuan. Paläographie der althieratischen Gefäßaufschriften aus den Grabungsjahren 1960 bis 1973
67	*Elmar Edel, Bonn*	Hieroglyphische Inschriften des Alten Reiches
68	*Wolfgang Ehrhardt, Athen*	Das akademische Kunstmuseum der Universität Bonn unter der Direktion von Friedrich Gottlieb Welcker und Otto Jahn

Sonderreihe

PAPYROLOGICA COLONIENSIA

Vol. I

Aloys Kehl, Köln — Der Psalmenkommentar von Tura, Quaternio IX

Vol. II

Erich Lüddeckens, Würzburg,
P. Angelicus Kropp O. P., Klausen,
Alfred Hermann und Manfred Weber, Köln — Demotische und Koptische Texte

Vol. III

Stephanie West, Oxford — The Ptolemaic Papyri of Homer

Vol. IV

Ursula Hagedorn und Dieter Hagedorn, Köln,
Louise C. Youtie und Herbert C. Youtie, Ann Arbor — Das Archiv des Petaus (P. Petaus)

Vol. V

Angelo Geißen, Köln — Katalog Alexandrinischer Kaisermünzen der Sammlung des Instituts für Altertumskunde der Universität zu Köln
Band 1: Augustus-Trajan (Nr. 1–740)
Band 2: Hadrian-Antoninus Pius (Nr. 741–1994)

Vol. VI

J. David Thomas, Durham — The epistrategos in Ptolemaic and Roman Egypt.
Part 1: The Ptolemaic epistrategos

Vol. VII — Kölner Papyri (P. Köln)

Bärbel Kramer und Robert Hübner (Bearb.), Köln — Band 1
Bärbel Kramer und Dieter Hagedorn (Bearb.), Köln — Band 2
Bärbel Kramer, Michael Erler, Dieter Hagedorn und Robert Hübner (Bearb.), Köln — Band 3

Vol. VIII

Sayed Omar, Kairo — Das Archiv des Soterichos (P. Soterichos)

Vol. IX — Kölner ägyptische Papyri (P. Köln ägypt.)

Dieter Kurth, Heinz-Josef Thissen und Manfred Weber (Bearb.), Köln — Band 1

Vol. X

Jeffrey S. Rusten, Cambridge, Mass. — Dionysius Scytobrachion

Verzeichnisse sämtlicher Veröffentlichungen der
Rheinisch-Westfälischen Akademie der Wissenschaften können beim
Westdeutschen Verlag GmbH, Postfach 30 06 20, 5090 Leverkusen 3 (Opladen),
angefordert werden

GPSR Compliance

The European Union's (EU) General Product Safety Regulation (GPSR) is a set of rules that requires consumer products to be safe and our obligations to ensure this.

If you have any concerns about our products, you can contact us on ProductSafety@springernature.com

In case Publisher is established outside the EU, the EU authorized representative is:

Springer Nature Customer Service Center GmbH
Europaplatz 3
69115 Heidelberg, Germany

Batch number: 10584556

Printed by Printforce, the Netherlands